T0205587

Wissenschaftliche Reihe Fahrzeugtechnik Universität Stuttgart

Reihe herausgegeben von

Michael Bargende, Stuttgart, Deutschland

Hans-Christian Reuss, Stuttgart, Deutschland

Jochen Wiedemann, Stuttgart, Deutschland

Das Institut für Fahrzeugtechnik Stuttgart (IFS) an der Universität Stuttgart erforscht, entwickelt, appliziert und erprobt, in enger Zusammenarbeit mit der Industrie, Elemente bzw. Technologien aus dem Bereich moderner Fahrzeugkonzepte. Das Institut gliedert sich in die drei Bereiche Kraftfahrwesen, Fahrzeugantriebe und Kraftfahrzeug-Mechatronik. Aufgabe dieser Bereiche ist die Ausarbeitung des Themengebietes im Prüfstandsbetrieb, in Theorie und Simulation. Schwerpunkte des Kraftfahrwesens sind hierbei die Aerodynamik, Akustik (NVH), Fahrdynamik und Fahrermodellierung, Leichtbau, Sicherheit, Kraftübertragung sowie Energie und Thermomanagement – auch in Verbindung mit hybriden und batterieelektrischen Fahrzeugkonzepten. Der Bereich Fahrzeugantriebe widmet sich den Themen Brennverfahrensentwicklung einschließlich Regelungs- und Steuerungskonzeptionen bei zugleich minimierten Emissionen, komplexe Abgasnachbehandlung, Aufladesysteme und -strategien, Hybridsysteme und Betriebsstrategien sowie mechanisch-akustischen Fragestellungen. Themen der Kraftfahrzeug-Mechatronik sind die Antriebsstrangregelung/ Hybride, Elektromobilität, Bordnetz und Energiemanagement, Funktions- und Softwareentwicklung sowie Test und Diagnose. Die Erfüllung dieser Aufgaben wird prüfstandsseitig neben vielem anderen unterstützt durch 19 Motorenprüfstände, zwei Rollenprüfstände, einen 1:1-Fahrsimulator, einen Antriebsstrangprüfstand, einen Thermowindkanal sowie einen 1:1-Aeroakustikwindkanal. Die wissenschaftliche Reihe „Fahrzeugtechnik Universität Stuttgart" präsentiert über die am Institut entstandenen Promotionen die hervorragenden Arbeitsergebnisse der Forschungstätigkeiten am IFS.

Reihe herausgegeben von

Prof. Dr.-Ing. Michael Bargende
Lehrstuhl Fahrzeugantriebe
Institut für Fahrzeugtechnik Stuttgart
Universität Stuttgart
Stuttgart, Deutschland

Prof. Dr.-Ing. Jochen Wiedemann
Lehrstuhl Kraftfahrwesen
Institut für Fahrzeugtechnik Stuttgart
Universität Stuttgart
Stuttgart, Deutschland

Prof. Dr.-Ing. Hans-Christian Reuss
Lehrstuhl Kraftfahrzeugmechatronik
Institut für Fahrzeugtechnik Stuttgart
Universität Stuttgart
Stuttgart, Deutschland

Andreas Krätschmer

Retrospektive Diagnose von Fehlerursachen an Antriebsstrangprüfständen mithilfe künstlicher Intelligenz

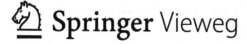 Springer Vieweg

Andreas Krätschmer
IFS, Fakultät 7, Lehrstuhl für
Kraftfahrzeugmechatronik
Universität Stuttgart
Stuttgart, Deutschland

Zugl.: Dissertation Universität Stuttgart, 2023
D93

ISSN 2567-0042   ISSN 2567-0352 (electronic)
Wissenschaftliche Reihe Fahrzeugtechnik Universität Stuttgart
ISBN 978-3-658-44003-9   ISBN 978-3-658-44004-6 (eBook)
https://doi.org/10.1007/978-3-658-44004-6

Die Deutsche Nationalbibliothek verzeichnet diese Publikation in der Deutschen Nationalbibliografie; detaillierte bibliografische Daten sind im Internet über http://dnb.d-nb.de abrufbar.

Planung/Lektorat: Carina Reibold
Springer Vieweg ist ein Imprint der eingetragenen Gesellschaft Springer Fachmedien Wiesbaden GmbH und ist ein Teil von Springer Nature.
Die Anschrift der Gesellschaft ist: Abraham-Lincoln-Str. 46, 65189 Wiesbaden, Germany

Das Papier dieses Produkts ist recycelbar.

Vorwort

Die vorliegende Arbeit entstand während meiner Tätigkeit als wissenschaftlicher Mitarbeiter am Forschungsinstitut für Kraftfahrwesen und Fahrzeugmotoren Stuttgart (FKFS). Zunächst möchte ich Herrn Prof. Dr.-Ing. H.-C. Reuss für das entgegengebrachte Vertrauen in meine Fähigkeiten und die Betreuung dieser Arbeit bedanken. Des Weiteren möchte ich Frau Prof. Dr.-Ing. Nejila Parspour für die Übernahme des Mitberichts und Interesse an meiner Arbeit danken.

Besonders bedanken möchte ich mich zudem bei meinem Bereichsleiter Herrn Dr.-Ing. Nicolai Stegmaier für die gute Zusammenarbeit, sowie den Kollegen Erwin Brosch, Daniel Trost, Alfons Wagner, Daniel Puscher, Konstantin Neumer, Marco Scheffmann und Mathias Jaksch aus dem Prüfstandsteam für die vielen interessanten fachlichen Diskussionen und den regen wissenschaftliche Austausch. Mein Dank gilt außerdem Herrn Ralf Lutchen und Herrn Lorenz Görne für die Korrektur meiner Publikationen und die vielen wöchentlichen Abstimmungen. Zusätzlich möchte ich Herrn Jan Philip Grünewald für seine fachliche Unterstützung zu den Themengebieten künstliche Intelligenz und Python bedanken.

Abschließend möchte ich mich besonders bei meiner Familie bedanken. Ohne das entgegengebrachte Vertrauen und die Unterstützung meiner Eltern während der beruflichen sowie akademischen Ausbildung wäre diese Arbeit nicht möglich gewesen. Meiner Frau Neele und Tochter Elena danke ich für die stets aufmunternden Worte und die mit dieser Arbeit verbundene entbehrte Zeit.

Stuttgart   Andreas Krätschmer

Inhaltsverzeichnis

Abbildungsverzeichnis

Tabellenverzeichnis

Abkürzungsverzeichnis

ABS	Antiblockiersystem
AE	Autoencoder
ASP	Antriebsstrangprüfstand
AT	Automatic Transmission
AuSy	Automatisierungssystem
CAN	Controller Area Network
CCP	CAN Calibration Protocol
CNN	Convolutional Neural Network
CPU	Central Processing Unit
cuDNN	NVIDIA CUDA® Deep Neural Network Library
DAE	Deep-Autoencoder
Diff	Differential
DL	Deep Learning
DUT	Device Under Test
ECU	Steuergerät (engl. *Electronic-Control-Unit*)
EM	Elektrische Maschine
ESC	Electronic Stability Control
EU	Europäische Union
FIR-Filter	Filter mit endlicher Impulsantwort (engl. *finite impulse response filter*)
FKFS	Forschungsinstitut für Kraftfahrwesen und Fahrzeugmotoren Stuttgart
FN	False-Negative
FP	False-Positive
GPU	Graphics-Processing-Unit
GRU	Gated Recurrent Unit
GSE	Getriebestelleinrichtung

HDD-FT	Hypersphere-Data-Description-Fault-Tracing
HG	Hauptgetriebe
HIL	Hardware in the Loop
IFS	Institut für Fahrzeugtechnik Stuttgart
IIR-Filter	Filter mit unendlicher Impulsantwort (engl. *infinite impulse response filter*)
KI	Künstliche Intelligenz (engl. *artificial intelligence*)
LIN	Local Interconnect Network
LSTM	Long Short-Term Memory
LSV	Least Squares Verfahren
MAE	Mean Absolute Error
MCMC	Markov Chain Monte Carlo
MiD	Mobilität in Deutschland
MIL	Model in the Loop
ML	Maschinelles Lernen (engl. *machine learning*)
MSE	Mean Squared Error
MT	Manual Transmission
NN	Neuronales Netz
NVH	Noise-Vibration-Harshness
OEM	Erstausrüster (engl. *original equipment manufacturer*)
PCA	Principal Component Analysis
PIL	Processor in the Loop
PKW	Personenkraftwagen
PST	Prüfstand
RAM	Random-Access Memory
RBS	Restbussimulation
RLS	Straßenlastsimulation (engl. *road-load-simulation*)
RM	Radmaschine
RMSE	Root Mean Squared Error
RNN	Rekurrentes Neuronales Netz

S-AE	Stacked-Autoencoder
SG	Savitzky-Golay
SGD	Stochastic Gradient Descent
SIL	Software in the Loop
SVDD	Support Vector Data Description
TCU	Transmission-Control-Unit
TN	True-Negative
TP	True-Positive
TPR	True-Positive-Rate
VES	Fahrzeugenergiesystem (engl. *vehicle energy system*)
VKM	Verbrennungskraftmaschine
VM	Verbrennungsmotor
WLTC	Worldwide harmonized Light Duty Test Cycle
WLTP	Worldwide harmonized Light Duty Test Procedure
XCP	Universal Measurement and Calibration Protocol
ZDL	Zyklendauerlauf

Symbolverzeichnis

	Griechische Buchstaben	
α	Steigungswinkel	°
η	Wirkungsgrad	-
η_{ges}	Gesamtwirkungsgrad	-
λ_{L1}	Regularisierungskoeffizient L1	-
λ_{L2}	Regularisierungskoeffizient L2	-
ρ	Dichte	kg/m^3
ρ_L	Luftdichte	kg/m^3
σ	Standardabweichung	-
$\sigma_{Akt'}$	Aktivierungsfunktion Decoder	-
σ_{Akt}	Aktivierungsfunktion Encoder	-
τ	Zeitkontinuierliche Zeitverschiebung (lag)	s

	Indizes	
dyn	Dynamisch	
mech	Mechanisch	
norm	Normiert	

	Lateinische Buchstaben	
A	Fläche	m^2
a	Beschleunigung	m/s^2
A_L	Luftwiderstandsfläche	m^2
$AS(n)$	Anomalie-Score	-
b'	Bias Decoder	-
b	Bias Encoder	-
c_r	Rollwiderstandsbeiwert	-
c_W	Luftwiderstandsbeiwert	-
$d(h)$	Decoder-Funktion	-
D_{xy}	Euklidische Distanz	-
E_N	Mean Squared Error (aprroximiert)	-
F	Kraft	N

f	Frequenz	Hz
$f(x)$	Encoder-Funktion	-
F_a	Beschleunigungswiderstandskraft	N
F_L	Luftwiderstandskraft	N
f_{max}	Maximale Frequenz	Hz
F_R	Rollwiderstandskraft	N
F_S	Steigungswiderstandskraft	N
f_S	Abtastrate	Hz
F_z	Zugkraft	N
g	Erdbeschleunigung	m/s^2
i	Übersetzungsverhältnis	-
I_{eM}	Strom der elektrischen Maschine	A
i_{ges}	Gesamtübersetzungsverhältnis	-
J	Massenträgheitsmoment	kgm^2
r_{dyn}	Dynamischer Reifenhalbmesser	m
J_{red}	Reduziertes Massenträgheitsmoment	kgm^2
k	Diskrete Zeitverschiebung	-
$L(x, x')$	Verlustfunktion	-
h	Hidden-Layer	-
M_{eM}	Drehmoment der elektrischen Maschine	Nm
m_{Fz}	Fahrzeugmasse	kg
$M_{Luftspalt}$	Luftspaltmoment	Nm
M_{VM}	Motordrehmoment	Nm
N	Gesamtanzahl der Stichprobenelemente	-
n	Diskrete Zeitvariable	-
n_{eM}	Drehzahl der elektrischen Maschine	min^{-1}
n_{Rad}	Radmaschinendrehzahl	min^{-1}
n_{RM3}	Drehzahl Radmaschine 3	min^{-1}
n_{RM4}	Drehzahl Radmaschine 4	min^{-1}
P	Leistung	W
$p(n)$	Polynom k-ten Grades	-
P_{el}	Elektrische Leistung	W
P_{mech}	Mechanische Leistung	W
P_v	Verlustleistung	W
q	Stichprobe	-
$r(t)$	Residuum	-
R_{xy}	Kreuzkorrelationsfunktion	-
s_f	Schwellenwertfaktor	-

T	Temperatur	K
t	Zeit	s
T_{max}	Maximale Auflösung	s
U	Elektrische Spannung	V
u	Eingangsgröße	-
U_{eM}	Spannung der elektrischen Maschine	V
V	Volumen	m^3
v	Geschwindigkeit	m/s
v_{rel}	Relativgeschwindigkeit	m/s
W	Arbeit	J
w'	Gewichtskoeffizient Decoder-Funktion	-
w	Gewichtskoeffizient Encoder-Funktion	-
x	Datenwert	-
x'	Prädizierter Datenwert	-
$x(n)$	Diskretisierte reelle Funktion x	-
$x(t)$	Zeitkontinuierliche reelle Funktion x	-
x_{max}	Maximalwert	-
x_{min}	Minimalwert	-
x_{norm}	Normierter Datenpunkt	-
$\tilde{x}$	Median	-
$\vec{x}$	Aufsteigend sortierte Datenwerte (als Vektor)	-
$\bar{x}$	Arithmetischer Mittelwert	-
$\bar{x}_{EMA}$	Gleitender exponentieller Mittelwert	-
$\bar{x}_{AMA}$	Gleitender arithmetischer Mittelwert	-
x_{stand}	Standardisierter Datenpunkt	-
y	Ausgangsgröße	-
$y'(t)$	Zeitkontinuierliches Ausgangssignal	-
y_{max}	Oberer Grenzwert	-
y_{min}	Unterer Grenzwert	-
$y(n)$	Diskretisierte reelle Funktion y	-
$y(t)$	Zeitkontinuierliche reelle Funktion y	-
z	Störgröße	-

Kurzfassung

Die vorliegende Arbeit leistet einen Beitrag zur Effizienzsteigerung und Erhöhung der Produktivität von Antriebsstrangprüfständen im Fahrzeugentwicklungsprozess. Hierbei steht die Reduzierung von ungeplanten Stillstandszeiten des Prüfstands aufgrund von auftretenden Fehlerfällen während den Erpro-bungen im Fokus. Die Ermittlung der fehlerverursachenden Prüfstandskomponente erfolgt dabei retrospektiv. Zur Diagnose der Fehlerursache wird die bestehende Prüfstandstechnik ohne Einbringung zusätzlicher Hardware oder Sensorik genutzt. In diesem Zusammenhang werden die im Automatisierungssystem (AuSy) des Prüfstands vorliegenden Messdaten mithilfe von Methoden aus dem Themenbereich der künstlichen Intelligenz zur Umsetzung der Aufgabenstellung ausgewertet.

Zunächst finden die Planung und Erhebung eines generalisierbaren und repräsentativen Forschungsdatensatzes statt. Neben der Absicherung der hier entwickelten Methoden kann er zusätzlich für weitere Forschung und Untersuchungen am Antriebsstrangprüfstand (ASP) eingesetzt werden, da er eine repräsentative Dauerlauferprobung abbildet. Hierzu wird als dynamisches Prüfprogramm der Worldwide harmonized Light Duty Test Cycle (WLTC) verwendet. Neben den aus dem realen Betrieb 150 vollständig am Prüfstand durchlaufenen Zyklen enthält der Datensatz zusätzlich 45 Messungen mit synthetisch generierten Fehlerfällen. Dort finden an jeweils einem zur Diagnose verwendeten Signal zu unterschiedlichen Zeitpunkten und Ausprägungen gezielte Sollwertabwei-chungen statt. Zur Diagnose der Fehlerursache dienen hierbei die Drehmomente der drei eingesetzten Prüfstandsmaschinen.

Auf Basis des aktuellen Standes der Forschung findet die Auswahl geeigneter maschinelles Lernen (ML)-Architekturen im Umfeld der Anomalieerkennung von Zeitreihendaten statt. Vielversprechende Methoden und Architekturen werden auf Basis der Aufgabenstellung identifiziert. In Bezug zu den vorliegenden Anforderungen im Rahmen dieser Arbeit ist insbesondere der Autoencoder (AE) vielversprechend. Aufgrund seiner Struktur eignet er sich zur Modellierung von Zeitreihendaten. Hierbei werden sowohl AE mit vorwärtsgerichteten als auch rekurrente neuronale Netze untersucht. Damit die Zeitreihendaten aus dem Forschungsdatensatz für die Künstliche Intelligenz (engl. *artificial intelligence*) (KI) interpretierbar

sind, werden sie mithilfe von Methoden der Signaltheorie in Form einer Datenvorverarbeitung konvertiert.

Insgesamt findet die Evaluierung auf Basis von drei AE-Architekturen statt. Dabei handelt es sich um den Stacked-Autoencoder (S-AE), den Long Short-Term
Memory (LSTM)-AE und den Gated Recurrent Unit (GRU)-AE. Hierfür werden
die Architekturen zunächst über Hyperparametertuning an die vorliegenden Daten und Aufgabenstellung angepasst. Die Detektion der Fehlerzeitpunkte jeder
Prüfstandsmaschine nach der Modellierung durch die KI findet auf Basis eines
Anomalie-Scores statt. Dieser ist definiert als Differenz zwischen erlerntem Modell
und dem Signal aus der Fehlermessung. Auf Basis eines durch statistische Methoden definierten Schwellenwerts findet die Detektion eines Fehlerzeitpunktes statt.
Im Ergebnis liefert die statische Grenzwertmethode des arithmetischen Mittelwerts
die höchste Detektionsrate mit ungefähr 80 %. Auf Grundlage des Forschungsdatensatzes wird die Performance mithilfe der Kenngrößen *Accuracy* und *F1-Score*
nachgewiesen.

Im Ergebnis erzielen alle untersuchten Architekturen eine Accurracy im Bereich
von 75 % bis 84 %, bei gleichzeitig geringer Streuung von wenigen Prozent. Der
F1-Score liefert insgesamt eine gute Performance und liegt im Mittel für alle
Maschinen bei ungefähr 80%. Das Modell wird deshalb als hinreichend genau
angesehen. Aufgrund der vergleichsweise deutlich geringeren Trainingszeit zu den
anderen beiden Architekturen, erzielt der S-AE das beste Ergebnis. Der Vorteil von
LSTM- und GRU-Architekturen im Kontext zu Zeitreihendaten liegt darin, dass sie
in der Lage sind, deutlich größere Zeitverläufe als der S-AE zu modellieren. Da
zur Identifikation der Fehlerursache im vorliegenden Fall lediglich der relevante
Zeitbereich von einigen Sekunden ausgewertet wird, ist der S-AE hier im Vorteil.
Abschließend können durch den Einsatz der hier dargestellten Methoden am Prüfstand vier von fünf Fehlerfällen auf Basis der eingesetzten KI-Modelle detektiert
und die fehlerverursachende Komponente identifiziert werden.

Abstract

The mobility factor continues to play a key role in modern society. Not only public transport is important here, but also private transport in particular. This also includes the car. The automotive sector remains an important industrial sector. However, current automobile development is facing a number of challenges, the causes of which are varied. In order to continue to exist as an OEM in the global market environment, modern vehicle development must be adapted to these new requirements. In addition to constantly changing customer behavior, this also increasingly involves political decisions, social responsibility and increased environmental awareness. Another important factor is the significant increase in product complexity due to technological change. These include, for example, the increase in assistance systems for implementing autonomous and semi-autonomous driving functions. In addition to pure drivetrains with combustion engines, there are also increasingly hybrid and electrified drive concepts. Drivetrain test benches can make a significant contribution to overcoming these challenges. Compared to driving tests using prototype vehicles, testing on drivetrain test benches offers several advantages. By relocating testing to the test benches, the number of expensive development vehicles can be reduced. This is also the so-called road-to-rig strategy. Another advantage is the increased reproducibility of the testing compared to driving tests. The testing on the test bench is not subject to any environmental influences, such as temperature, moisture, traffic jams or road conditions. In addition, through the use of test benches, development steps can be moved forward to earlier development stages. This is also referred to as so-called frontloading. In order to implement these requirements efficiently and effectively during the development process, test benches will also be needed in the future.

Due to their modular structure, drivetrain test benches have a high degree of flexibility. The components and systems of the test bench can be individually adapted and configured to the topology of the test object and the requirements of the testing. Drivetrain test benches are used to validate and verify individual components and assemblies of the powertrain through to the entire vehicle. The focus here is on the functional development and endurance testing of partial or complete drivetrains of a vehicle. What characterizes testing on a test bench is that a predefined target value (test program) is run through many times. The one-time run of the test program is also called a cycle test and a complete test is called a cycle endurance run. If an error occurs on the test item or test stand during testing, the test bench will be shut down immediately. To monitor the test bench, status bits of individual components are monitored or upper or lower switch-off limits are used for various measurement signals. If an error occurs on the drive train test bench in the form of a limit violation and the test bench is automatically shut down, the cause of the error must be identified by the test bench personnel. In the majority of cases, the cause of the error cannot be directly identified by the displayed limit violation. Due to the mechanical coupling on the test bench, several components can be responsible for the error and the limit violation can represent a subsequent error. The error analysis when an error occurs on the test bench is carried out manually according to the current state of the art and is largely dependent on the experience of the test bench personnel.

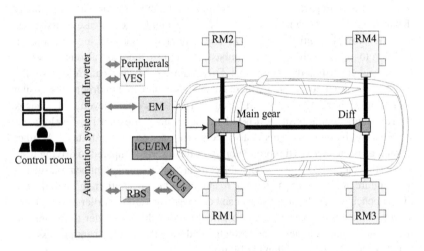

The aim of this work is to reduce unplanned downtimes to a minimum and to limit the dependence on the human factor in error analysis on the test bench. This work thus contributes to increasing the efficiency and productivity of drivetrain test benches in the vehicle development process. For this purpose, an AI-based method for retrospective fault detection on the drivetrain test bench is being developed and evaluated using a generalizable research data set. The intention here is to monitor the test bench machines used for errors and to identify the machine causing the error.

First, a generalizable research data set is collected. It represents a representative endurance test on the drivetrain test bench. Two wheel machines and the electric single drive machine of the test bench are used as the test bench configuration.

A passive test item in the form of a two-speed transmission is used as the device under test (DUT). The test bench is operated in the torque/speed control mode. This means that the setpoint specification for the electric single drive machine (EM) represents the torque and for the two wheel machines (RM) the speed. In total, the research data set includes 150 error-free cycles and 45 cycles with synthetically generated errors. During the error cycles, targeted manipulations of the target curve take place at different points for each component in order to simulate a machine error on the test bench. The torque in the form of the air gap torque is used as the diagnostic variable for the three test bench machines. The research data set can be used for further investigations in the future.

Before the time series data can be modeled and evaluated with regard to the cause of the error, it must be converted into a form that can be interpreted by artificial intelligence (AI) using signal theory methods. To do this, the necessary properties of the time series data are first determined. The time series data to be analyzed must be available at the appropriate resolution and have a continuous progression. The choice of resolution depends on the dynamics of the events to be detected. If the data does not have a continuous progression, it may need to be converted into a continuous progression using input procedures. In order to reduce possible noise components and convert the data into suitable value ranges, filtering and normalization then takes place depending on the activation functions. Depending on the requirements for a linear phase response and low-pass behavior, the Savitzky-Golay (SG) filter is particularly suitable. It is based on a polynomial approximation of the signal curve using the local least-squares method. The available parameters are the width of the area to be approximated with $2S+1$ and the degree of the polynomial. The selection of the normalization method depends on the nature of the data and on the activation function used in the AI model. Considering that atangent-hyperbolicus (tangh) function is used, the data are normalized to [-1, ..., 1]. The maximum parameters of the test stand can be used as the standardization variable, or alternatively the respective test program. The second option is preferable because of the better resolution.

Another challenge of data preprocessing is to correct static and dynamic temporal deviations (offsets) between the individual cycles. To ensure temporal synchronicity between the time series data, static temporal shifts are corrected by applying the cross-correlation function and synchronization over the Euclidean distance. In order to increase the performance of the methodology, only the time ranges relevant to the error are evaluated. In this form, the time series data is in the appropriate form so that it can be evaluated by an AI.

The aim of the AI is to map the signal curve of the measurement signal used for diagnosis of the cycles supplied. Due to intensive preliminary investigations and literature research, the Autoencoder (AE) is particularly suitable for the task at hand. It belongs to the group of unsupervised learning methods and consists of an encoder-decoder learning architecture. Due to its properties, it is used in particular to reduce a data set to the most important features and to learn the history of the compressed representation. The internal structure of the AE can vary and must be chosen depending on the task. As part of this work, the architectures of the Stacked-AE (S-AE), Long Short-Term Memory (LSTM)-AE and Gated Recurrent Unit (GRU)-AE are examined and compared. The S-AE is a feedforward network and the other two architectures are recurrent neural networks. Hyperparameter tuning is used to determine the optimal parameters for each architecture depending on the task. This includes the number of layers and dimensions, number of normal cycle measurements to train the model, the number of training epochs, the batch size and the activation function used. For all models, the ideal dimension of the feature vector and target vector was 1000 data points. The dimension in the encoder is then reduced to 16 and in the bottleneck to 4. The decoder is constructed symmetrically to the encoder. For all architectures, a normal cycle number of 10 is used to train the models. The individual hyperparameters for the S-AE are an optimal number of 500 training epochs with a batch size of 8. For the other two architectures, an epoch number of 1000 and a batch size of 50 are used. This shows the increased complexity of the recurrent neural networks compared to the stacked autoencoder. You need a higher number of learning steps to train the model.

When evaluating the models, it was shown that the S-AE has significantly shorter training times and a higher error rate compared to the other two architectures. This is particularly because the S-AE consists of a neural network and the other two architectures have different gates to take information from the past into account. A training step of the recurrent neural networks requires more performance and computing time than a simple neural network. The advantage of recurrent networks is that they can represent the training data with a high model quality and at the same time long training times. Specifically, training the S-AE for a model takes an average of 54 sec over the entire data set. In comparison, the LSTM-AE takes

23,05 min and the GRU-AE takes 28,34 min. The training times must be taken into account when selecting the method. Otherwise there may be reduced acceptance by the test bench personnel.

The evaluation via the error histogram, which is often used in anomaly detection, cannot be used to detect the exact error times. That's why a separate metric is introduced. This metric is the evaluation of an anomaly score.It is defined as the root of the squared deviation between the AI model and the corresponding error measurement signal. Based on statistical methods, both static and dynamic thresholds are used for the anomaly score, at which a signal anomaly or errors are detected. To determine the time of error, the intersection of the anomaly score with the respective threshold value is used. In particular, the arithmetic mean, the standard deviation and the moving arithmetic mean achieve the best results.

The validation of the error detection rate is done using the research data set. During the evaluation, 15 different combinations, each with 10 normal cycles, are used to train the AI models. For each combination, the component causing the error is evaluated and the time of error is determined. In order to identify the best possible AE model for the task, the evaluation takes place in parallel for the S-AE, LSTM-AE and GRU-AE.

It has been shown that using the methods developed as part of this work, a prediction accuracy of up to 84 %can be demonstrated for detecting the error-causing component. This result is achieved by the LSTM-AE and GRU-AE using the arithmetic mean to evaluate the anomaly score. The spread across the entire data set is small and is only 4 %. With this result, manual troubleshooting will be unnecessary in five out of six cases in the future, resulting in a significant reduction in downtime and an increase in productivity on the test bench. Using the arithmetic mean as the threshold value of the anomaly score, the S-AE achieves a result of a maximum of 82 % while the dispersion is 7 %. The evaluation of the F1 score of the test bench machines achieves a value between 0.81 and 0.86 for all architectures for the single-drive machine. The wheel machines achieve values between 0.67 and 0.79. Due to the significantly longer training times of the recurrent networks, the S-AE is to be preferred. There is also the additional degree of freedom here that additional components can be monitored for errors without the training time exceeding the subsequent acceptance threshold of the test bench personnel. The use of computer systems with significantly higher performance is not taken into account here. The reason for this is that one of the framework conditions of the present work is to use the infrastructure normally available on the test bench without additional sensors, measurement technology and high-performance computers.

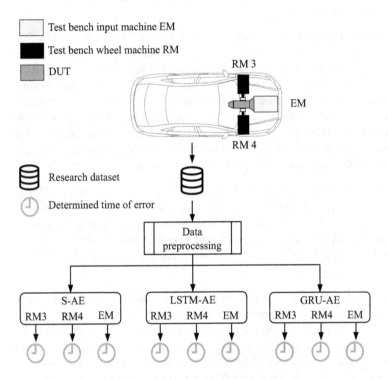

During the collection of the research data set, in addition to the synthetically generated errors, a total of 6 real errors occurred on the test bench and were recorded and evaluated using measurements. One of the two test bench machines was briefly unable to provide any torque before the converter transmitted an error to the test bench automation system and the test run was then aborted. By using the methods developed here, 5 out of 6 causes of errors could be correctly identified in real operation.

Finally, as part of this work, a method was presented with which the causes of errors on the powertrain test bench can be identified with an error detection rate of approximately 80 %. The findings and methods achieved here can also be transferred and used in other specialist areas and issues.

1 Einleitung

Der Faktor Mobilität spielt in unserer modernen Gesellschaft eine bedeutende und tragende Rolle. Hierbei sind nicht nur die öffentlichen Verkehrsmittel bedeutend, sondern insbesondere auch der Individualverkehr. Trotz einer Steigerung von Nutzungsanteilen in öffentlichen Verkehrsmitteln und dem Fahrrad, werden 57% aller Wege und 75% der Personenkilometer in Deutschland mit dem Personenkraftwagen (PKW) zurückgelegt [87]. Zudem sind im Bundesdurchschnitt 1,1 PKW je Haushalt zugelassen, was einer Gesamtzahl von 43 Millionen PKW in Deutschland entspricht [87]. Die Entwicklung moderner Kraftfahrzeuge bleibt demnach auch zukünftig ein sehr wichtiger Faktor.

Dennoch steht die moderne Fahrzeugentwicklung heute und auch zukünftig vor einigen Herausforderungen. Die Ursachen hierbei sind vielfältig. Um auch zukünftig im Marktumfeld bestehen zu können, muss ein Erstausrüster (engl. *original equipment manufacturer*) (OEM) die Fahrzeugentwicklung hinsichtlich der neuen Anforderungen anpassen. Neben dem sich stetig änderndem Kundenverhalten spielen zunehmend auch politische Entscheidungen, soziale Verantwortung und gesteigertes Umweltbewusstsein eine immer größere Rolle. Das hat zur Folge, dass auch die Produktkomplexität neben der zunehmenden Anzahl an Assistenzsystem durch hybride und alternative Antriebskonzepte weiter ansteigt. Um dennoch die hohen Qualitätsanforderungen erfüllen zu können und gleichzeitig Zeit und Kosten gering zu halten, müssen die Effizienz und Produktivität der Fahrzeugentwicklung gesteigert werden. [38, 97, 114] Eine vollständige Übersicht der Herausforderungen ist in Abbildung 1.1 dargestellt. Um die sich daraus ergebenden Anforderungen erfolgreich und effizient umsetzen zu können, müssen mögliche Optimierungspotenziale im Entwicklungsprozess identifiziert und realisiert werden. Nicht zuletzt aufgrund von Strategien wie *road-to-rig*, Reproduzierbarkeit der Versuche und Einsparungen im Vergleich zu Prototypenfahrzeugen, spielen auch Prüfstände eine zunehmend wichtigere Rolle während des Fahrzeugentwicklungsprozesses.

© Der/die Autor(en), exklusiv lizenziert an
Springer Fachmedien Wiesbaden GmbH, ein Teil von Springer Nature 2024
A. Krätschmer, *Retrospektive Diagnose von Fehlerursachen an Antriebsstrangprüfständen mithilfe künstlicher Intelligenz*,
Wissenschaftliche Reihe Fahrzeugtechnik Universität Stuttgart,
https://doi.org/10.1007/978-3-658-44004-6_1

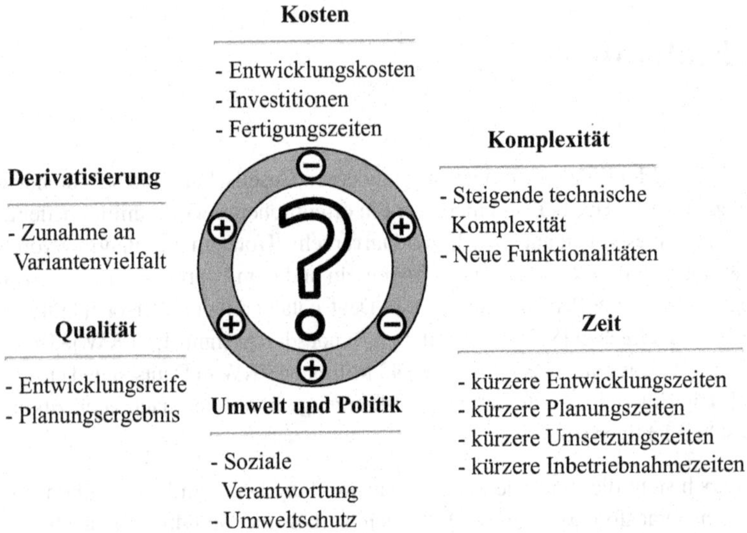

Kosten

- Entwicklungskosten
- Investitionen
- Fertigungszeiten   **Komplexität**

Derivatisierung   - Steigende technische
                                                       Komplexität
- Zunahme an   - Neue Funktionalitäten
  Variantenvielfalt

Qualität   **Zeit**

- Entwicklungsreife   - kürzere Entwicklungszeiten
- Planungsergebnis   **Umwelt und Politik**   - kürzere Planungszeiten
                                                       - kürzere Umsetzungszeiten
                       - Soziale   - kürzere Inbetriebnahmezeiten
                         Verantwortung
                       - Umweltschutz

Abbildung 1.1: Herausforderungen in der modernen Fahrzeugentwicklung. Klassifizierung in sechs Kategorien heutiger- und zukünftiger Span-
nungsfelder im automobilen Entwicklungsumfeld, angelehnt an
[114]

Die vorliegende Arbeit leistet einen Beitrag zur Effizienzsteigerung und Erhöhung
der Produktivität von Antriebsstrangprüfständen im Fahrzeugentwicklungsprozess.
Tritt nach aktuellem Stand der Technik ein Fehler während der Erprobung am Antriebsstrangprüfstand (ASP) auf, bedarf es einer manuellen Messdatenanalyse durch
das Prüfstandspersonal zur Identifikation der Fehlerursache. Die aufgrund des Fehlers im Automatisierungssystem (AuSy) des ASP angezeigte Grenzwertverletzung
lässt häufig keine Rückschlüsse auf die eigentliche Fehlerursache zu. Vielmehr
werden daraus resultierende Folgefehler oder Fehler aufgrund von Wechselwirkungen anderer Systeme und Messgrößen detektiert. Deshalb wird am Beispiel
der Prüfstandsmaschinen eine Methode basierend auf der KI entwickelt, mit der
eine automatisierte retrospektive Diagnose von Fehlerursachen am ASP ermöglicht
wird.

Der Kern dieser Arbeit liegt zunächst auf der Planung und Erhebung eines repräsentativen Datensatzes zur Evaluation und Validierung der hier entwickelten Methoden. Basierend auf dem aktuellen Stand der Forschung werden in diesem Zusammenhang KI-Architekturen zur Erkennung von Anomalien in Zeitreihendaten vorgestellt und die im Rahmen dieser Forschungsfrage vielversprechendsten Modelle abgeleitet. In einem weiteren Schritt müssen die erhobenen Messdaten aus dem Forschungsdatensatz zunächst in eine für die KI interpretierbare Form überführt werden. Abschließend erfolgen die Entwicklung und Optimierung der KI-Modelle und Validierung der Methodik auf Grundlage von Performance-Metriken.

2 Stand der Technik

In diesem Abschnitt werden die relevanten Grundlagen zum Verständnis dieser Arbeit dargestellt. Zusätzlich wird ein aktueller Stand der Technik in Bezug zu den im Rahmen dieser Arbeit verwendeten Fragestellungen und Methoden präsentiert. Zunächst erfolgt in Kapitel 2.1 eine kurze Einführung in das Themengebiet der modernen Fahrzeugentwicklung und der zukünftigen Herausforderungen. Hierzu wird auf den Produktentstehungsprozess im automobilen Entwicklungsumfeld auf Basis des V-Modells eingegangen. Abschließend wird die Vorgehensweise zur Ermittlung repräsentativer und geeigneter Lastkollektive zur Absicherung des Produktentwicklungsprozesses vorgestellt.

Im weiteren Verlauf werden in Abschnitt 2.2 der Aufbau und die Eigenschaften von Antriebsstrangprüfständen vorgestellt. Als erstes werden der grundsätzliche Aufbau, mögliche Device Under Test (DUT)-Konfigurationen zur Erprobung sowie die Bedeutung von ASP in der modernen Fahrzeugentwicklung dargelegt. Zudem findet eine kurze Vorstellung der typischerweise eingesetzten Prüfprogramme statt. Anschließend wird näher auf das Verhalten des Prüfstands beim Auftreten von Fehlerfällen eingegangen. Dabei wird zunächst der Begriff des Fehlers am Prüfstand definiert und dargestellt, wie Fehlerfälle detektiert werden können. Anschließend findet eine Klassifikation von Abschalursachen am ASP auf Grundlage einer repräsentativen Auswertung statt.

In Abschnitt 2.3 werden Methoden zur signal- und modellbasierten Fehlererkennung erläutert. Darauffolgend findet in Kapitel 2.4 eine kurze Vorstellung im Themenfeld der KI statt. Hierbei werden zunächst relevante Grundlagen vermittelt und die Methoden zur Anomalieerkennung vorgestellt. Um die Performance der entwickelten KI-Modelle beurteilen zu können, wird anschließend auf typischerweise eingesetzte Performance-Metriken eingegangen.

Abschließend findet in Kapitel 2.5 eine Einordnung und Abgrenzung der wissenschaftlichen Fragestellung dieser Arbeit statt. Zunächst werden der wissenschaftliche Forschungsstand dargestellt und mögliche Potenziale identifiziert. Nachfolgend findet die Formulierung der Forschungsfrage und der damit verbundenen Ziele statt.

© Der/die Autor(en), exklusiv lizenziert an
Springer Fachmedien Wiesbaden GmbH, ein Teil von Springer Nature 2024
A. Krätschmer, *Retrospektive Diagnose von Fehlerursachen an Antriebsstrangprüfständen mithilfe künstlicher Intelligenz,*
Wissenschaftliche Reihe Fahrzeugtechnik Universität Stuttgart,
https://doi.org/10.1007/978-3-658-44004-6_2

2.1 Aktueller Stand der Fahrzeugentwicklung

Um die moderne Fahrzeugentwicklung zu verstehen und mögliche Optimierungspotenziale durch die effiziente Einbringung von ASP identifizieren zu können, wird
zunächst der allgemeine Produktentstehungsprozess in Unterkapitel 2.1.1 dargestellt. Anschließend erfolgt in Kapitel 2.1.2 die Beschreibung zum Vorgehen bei
der Ermittlung repräsentativer Lastkollektive zur Verwendung auf Prüfständen.

2.1.1 Produktentstehungsprozess

Der Prozess zur Entwicklung von mechatronischen Systemen wie beispielsweise
Fahrzeugen im Umfeld der Fahrzeugentwicklung wird üblicherweise durch ein
V-Modell visualisiert [58, 62, 97, 105]. Charakterisiert wird dieses Modell durch
das V-förmige Erscheinungsbild, welches die Bereiche *Simulation*, *Komponenten-
entwicklung* und *Validierung* beinhaltet. Häufig wird das V-Modell dabei mehrfach
iterativ durchlaufen, bis das Gesamtfahrzeug alle Anforderungen zufriedenstel-
lend erfüllt. In Abbildung 2.1 ist der Produktentstehungsprozess am Beispiel des
V-Modells dargestellt.

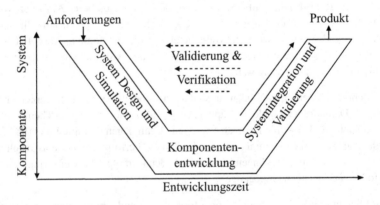

Abbildung 2.1: Produktentstehungsprozess am Beispiel des V-Modells, in Anlehnung an [97]

Zunächst werden auf Basis definierter Entwicklungsziele für das Gesamtfahrzeug
die Anforderungen an Subsysteme und Komponenten abgeleitet. Diese orientieren

sich mitunter am Reifegrad im Prozess, ob es sich beispielsweise um ein A-, B- oder C-Muster handelt [97]. Nach der Definition aller Anforderungen an das System und deren Komponenten wird der linke Bereich *System Design und Simulation* des Modells durchlaufen. Hier werden für die Entwicklung relevante Simulationen zur Auslegung und Erstellung des Designs durchgeführt. Anhand dieser Ergebnisse werden die Komponenten und Systeme physikalisch entwickelt. Im rechten Bereich *Systemintegration und Validierung* findet anschließend die Validierung der Komponenten und Systeme statt. Dort befinden sich die typischerweise eingesetzten Methoden, wie Model in the Loop (MIL), Software in the Loop (SIL), Processor in the Loop (PIL) und Hardware in the Loop (HIL) zur Verifikation des linken Bereichs im V-Modell. Neben Fahrversuchen des Gesamtfahrzeugs werden hier insbesondere auch diverse Prüfstände zur Absicherung der Auslegungen eingesetzt [4, 97, 119]. Obwohl es in der heutigen Zeit möglich ist, zunehmend komplexere sowie performanceintensive Simulationen und Berechnungen durchzuführen, spielt die physikalische Validierung von Komponenten unter anderem durch Prüfstände auch zukünftig eine bedeutende Rolle in der Fahrzeugentwicklung [29, 114]. Zur Übersicht sind in Abbildung 2.2 die einsetzbaren Prüfstandstypen im Produktentstehungsprozess dargestellt.

Zu erkennen sind hier die Anteile *Simulation* und *Validierung* der Fahrzeugsubsysteme bis hin zum Gesamtfahrzeug innerhalb der Entwicklungszeit. Es ist zu erkennen, dass zu Beginn der Entwicklung eine Vielzahl der Komponenten im Fahrzeug zunächst simulativ berücksichtigt werden. Mit zunehmendem Reifegrad des Fahrzeugs steigt der Anteil physikalischer Komponenten zur Validierung. Zunächst erfolgen die Absicherungs- und Freigabemessungen einzelner Subsysteme auf den dafür geeigneten Prüfständen. Nach der Validierung von notwendigen Einzelderivaten findet die Erprobung des gesamten Antriebsstrangs auf einem Antriebsstrangprüfstand statt. Bei Prüfständen werden die Anforderungen hinsichtlich der Betriebsfestigkeit und Funktionalität üblicherweise durch Lastkollektive beschrieben. Um die Validierung möglichst zeit- und kosteneffizient durchführen zu können, müssen die Lastkollektive in Abhängigkeit an die Anforderungen der Komponenten/Systeme abgestimmt werden. Durch eine gezielte und realitätsnahe Abstimmung der Lastkollektive auf die Anforderungen der Komponenten und Systeme wird hierbei eine Reduktion an Iterationen im Entwicklungsprozess erzielt [119]. Die abschließende Validierung des Gesamtfahrzeugs findet üblicherweise zunächst auf einem Rollenprüfstand und anschließend im Fahrversuch/Manöver im realem Straßenverkehr statt.

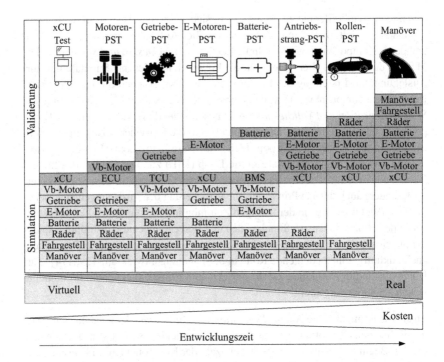

Abbildung 2.2: Übersicht des Produktentstehungsprozess: Simulation und Validierung mit verwendeten Prüfstandstypen, nach [97]

Im Gegensatz zu der Erprobung auf Prüfständen werden im Fahrversuch Betriebspunkte sämtlicher Komponenten und Systeme im Fahrzeug unter realen Bedingungen und deren Wechselwirkungen erprobt. Eine umfangreiche Darstellung der unterschiedlichen Prüfstandstypen während der Fahrzeugentwicklung findet sich unter anderem in [97]. Die Charakteristik eines ASP ist in Kapitel 2.2 dargestellt.

2.1.2 Lastkollektive

Lastkollektive dienen während des Entwicklungsprozesses als Grundlage für die Beschreibung von Betriebslasten der Komponenten. Sie können als Transformation von Lastamplituden im Zeitbereich innerhalb eines zu erwartenden Produktlebenszyklus in den Häufigkeitsbereich unter Zuhilfenahme geeigneter Methoden definiert werden. Hierbei dienen sie als Grundlage zur Verifikation der simulativen und rechnerischen Bauteilauslegung. Zudem werden sie zur Generierung von Vorgabedaten sowie zur Überprüfung der Bauteilfestigkeit und -funktionalität bei Prüfstandserprobungen eingesetzt. Im Umfeld der Erprobung ist die Korrelation zwischen Vorgabedaten und realem Kundenverhalten ausschlaggebend für den Entwicklungserfolg. Liegt eine starke Korrelation zwischen simulativen Lastkollektiven und Schädigungen aus Fahrversuchen vor, nennt man die Kollektive auch *repräsentative* Lastkollektive. Das Ziel einer jeden Erprobung ist deshalb, repräsentative Lastkollektive als Basis für Erprobungsstrategien zu verwenden. Andernfalls führt dies unter Umständen zu einer Unter- bzw. Überdimensionierungen von Bauteilen, welche durch weitere Iterationen im Entwicklungsprozess korrigiert werden müssten oder sogar erst beim Kunden nach der Serienfreigabe entdeckt werden. [31, 45, 107, 119, 127]

Als Datengrundlage zur Erstellung von Belastungskollektiven können entweder Daten aus Simulationen und Berechnungen oder realen Fahrzeugmessungen dienen. Ein Vorteil aus der Verwendung von Simulationen und Berechnungen besteht darin, dass Parameterstudien für sämtliche Einflussgrößen und Konfigurationen unter Beibehaltung der Randbedingungen durchgeführt werden können. Im Vergleich zu realen Fahrzeugmessungen ist diese Methode zeit- und kosteneffizient, da hierbei auch frühzeitig kritische Einflussfaktoren erkannt und berücksichtigt werden. Auf der Grundlage von simulativ erstellten Belastungskollektiven können heutzutage repräsentative Lastkollektive erstellt werden. Bei Verwendung von Fahrzeugmessungen ist hingegen vielmehr die Korrelation zwischen den Datensätzen und späterem realen Kundenverhalten gewährleistet. Da die zu entwickelnden Komponenten jedoch noch nicht zur Verfügung stehen, müssen hierfür Ersatzkomponenten mit abweichenden Parametern verwendet werden. Ein weiterer Aspekt ist die Zunahme an Entwicklungszeit- und kosten durch die Erstellung eines Prototypenfahrzeugs und die Durchführung von Messfahren [107, 127].

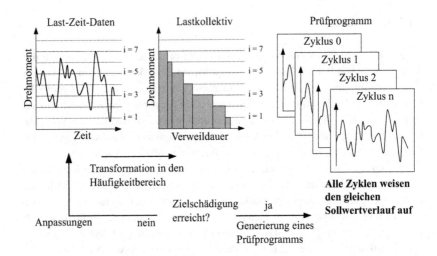

Abbildung 2.3: Übersicht: Transformation von Zeitreihendaten in Lastkollektive und anschließend in Prüfprogramme, angelehnt an [107]

Zur Transformation der Belastungs-Zeit-Funktionen in Lastkollektive im Häufigkeitsbereich werden Klassierverfahren verwendet, welche die nicht benötigten Informationen entfernen. Das Vorgehen ist in Abbildung 2.3 dargestellt. Zunächst wird die aufgetretene Last in eine vorab definierte Anzahl an Lastbereichen eingeteilt. Anschließend werden die Lastamplituden auf Basis der Bereichsüberschreitungen ermittelt [119]. Ein in der Praxis häufig eingesetztes Klassierverfahren ist die *Rainflow-Zählung* [52, 76]. Um in der Erprobung eine Raffung der Prüfläufe zu erreichen, können bspw. die Lastamplituden erhöht werden. Die Herausforderung dabei ist, dass sich die Schädigungswerte nicht verändern [119].

2.2 Antriebsstrangprüfstände

In der modernen Fahrzeugentwicklung ist der Stellenwert von Antriebsstrang-prüfständen in den letzten Jahren deutlich angestiegen. Das liegt sowohl an der gesteigerten Reproduzierbarkeit und Kostenersparnis im Vergleich zum Fahrver-such mit Prototypenfahrzeugen als auch an der realitätsnäheren Abbildung im Vergleich zu reinen Simulationen. Lag der Fokus von Antriebsstrangerprobungen in der Vergangenheit mehrheitlich auf der Prüfung der Betriebsfestigkeit mechani-scher Systeme, hat sich dies aufgrund der Komplexität moderner Antriebsstränge gewandelt. Der Antriebsstrang eines modernen Fahrzeugs besteht aus einer Vielzahl an mechatronischen Systemen, welche aufgrund von Interaktionen bereits bei der Erprobung zu berücksichtigen sind. Neben konventionell angetriebenen Fahrzeugen werden zunehmend hybride und elektrifizierte Antriebsstrangtopologien eingesetzt. Eine signifikante Einsparung von Kraftstoff und elektrischer Energie, sowie eine deutliche Reduktion von Emissionen lassen sich nur noch durch die ganzheitliche Optimierung des Antriebsstrangs erzielen. [97, 114]

Aus den genannten Herausforderungen leitet sich deshalb folgende Fragestellung ab: Durch welche konkreten Maßnahmen können ASP die moderne Fahrzeugent-wicklung unterstützen? Eine Möglichkeit zur Reduktion von Entwicklungszeit und -kosten während der Erprobung ist bspw. die Verlagerung von Entwicklungsschrit-ten in eine frühere Entwicklungsstufe, was auch als *Frontloading* bezeichnet wird [32, 114, 117]. Zudem können die Validierung und Applikation von Systemen und Funktionalitäten zu großen Teilen bereits bei der Antriebsstrangerprobung anstel-le von Untersuchungen mit Prototypenfahrzeugen durchgeführt werden. Hierbei spricht man auch von der *road-to-rig*-Strategie, wodurch die Anzahl an Entwick-lungsfahrzeugen reduziert und gleichzeitig in einer früheren Entwicklungsphase mit der Erprobung begonnen werden kann [113, 114].

Ein weiterer Vorteil durch die Verlagerung von Erprobungen auf den ASP ist die Möglichkeit von Parallelerprobungen. Im direkten Vergleich zu Fahrversuchen kön-nen am Prüfstand jedoch keine spontanen Fahrmanöver gefahren werden. Hierzu bedarf es immer eines Prüfprogramms in Form einer Sollwertvorgabe und abhängig von der verwendeten Regelungsart auch eines Fahrzeugmodells sowie Reifen-schlupfsimulationen. Zusätzlich steigt der Aufwand zur Inbetriebnahme des DUT, was zu erhöhten Rüst- und Inbetriebnahmezeiten führt. Neben dem benötigten Prüfprogramm hängt dies mit der Simulation von physisch fehlenden Teilen des Fahrzeugs durch eine Restbussimulation (RBS) zusammen. Zusätzlich müssen die

Schnittstellen des Prüflings mit dem AuSy verbunden werden. Anders als bei den Fahrversuchen auf der Straße sind die Erprobungen am Prüfstand aber reproduzierbar und unabhängig von äußeren Einflüssen, wie Witterungsverhältnissen oder Verkehrsaufkommen.

Aufgrund des hohen Stellenwerts von ASP im Entwicklungsprozess wird in den folgenden Unterkapiteln detaillierter auf ihre Eigenschaften eingegangen. Zunächst werden in Kapitel 2.2.1 der Aufbau und die möglichen Konfigurationen dargestellt. Darauffolgend werden in Kapitel 2.2.2 die fahrbaren Prüfprogramme erläutert. Abschließend finden in Unterkapitel 2.2.3 eine Betrachtung und Kategorisierung der auftretenden Fehlerfälle am Prüfstand statt.

2.2.1 Aufbau und Konfigurationen

Bei der Erprobung eines Antriebsstrangs kann der zu untersuchende Prüfling aus dem Gesamtantriebsstrang oder aus einem oder mehreren darin enthaltenen Teilsystemen bestehen. Charakterisierend für die Erprobung ist hierbei, dass jedes angetriebene Rad des DUT durch eine elektrische Belastungsmaschine des Prüfstands abgebildet ist [19]. Bei der Erprobung werden also keine realen Fahrzeugräder eingesetzt. ASP besitzen aufgrund ihres modularen Aufbaus ein hohes Maß an Flexibilität. Für jede Erprobung können die Komponenten und Systeme des Prüfstands individuell und in Abhängigkeit der Topologie des verwendeten DUT verknüpft und konfiguriert werden. So können beispielsweise die Prüfstandsmaschinen stufenlos auf Spurweiten- und Achsabstände eines Prüflings angepasst werden. Verfügt die Prüfstandstechnik zudem über eine Abgasabsaugsystem und ein Fahrzeugenergiesystem (engl. *vehicle energy system*) (VES), können verbrennermotorische, hybride oder elektrifizierte Antriebsstränge erprobt werden. Dies gewährleistet, dass auch in Zeiten des technologischen Wandels zukünftige Fahrzeuge auf dem Prüfstand erprobt werden können. In Abbildung 2.4 ist der Aufbau eines ASP schematisch abgebildet.

Automatisierungssystem: Das zentrale Element des Prüfstands bildet das AuSy, welches auch als User-Interface des Prüfstandsbedieners dient. Hier befindet sich der Knotenpunkt sämtlicher Schnittstellen zu den einzelnen Komponenten. In ihm werden alle Informationen erfasst, überwacht und verarbeitet. Hierzu zählen Fehlerzustände, Betriebsbereitschaft der Systeme und Messgrößen. Auf Basis dieser Informationen finden die Prüflings- und Prüfstandsüberwachung mithilfe

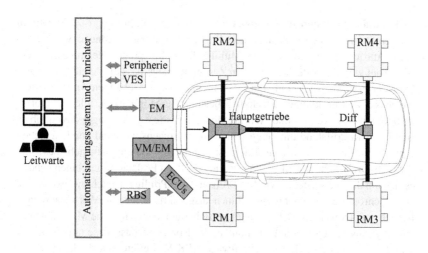

Abbildung 2.4: Aufbau eines Antriebsstrangprüfstands- schematische Darstellung. Die Konfiguration kann hierbei je nach Erprobung variieren. (Hellgrau: Teile des Prüfstands; Dunkelgrau: Teile des DUT.)

zuvor definierter Warn- und Abschaltgrenzen statt. Zum Schutz des ASP und DUT existieren mehrere Grenzwertebenen, die hierarchisch aufgebaut sind. Um Beschädigungen des Prüfstands auszuschließen werden auf der obersten Ebene die Grenzwerte an die maximalen Leistungsdaten der Anlage angepasst. Auf der nächste Ebene befinden sich die angepassten Grenzwerte an die Leistungsdaten des DUT. Auf der untersten Ebene befinden sich die versuchsspezifischen Warn- und Abschaltgrenzen. Die Generierung der Sollwerte im AuSy findet abhängig von der Regelungsart und dem Betriebsmodus des Prüfstands statt. Während bei einer Drehmoment-Drehzahlregelung (M/n-Regelung) der Maschinen lediglich Soll- und Istwerte benötigt werden, sind bei Verwendung einer Straßenlastsimulation zudem ein Fahrzeugmodell und entsprechende Fahrzeugparameter notwendig [118]. Zum automatisierten Fahren wird zudem eine entsprechende Sollwertvorgabe in Form eines Prüfprogramms benötigt. Eine weitere wichtige Funktion des AuSy stellt die Messwertaufzeichnung dar. Hierfür stehen zur Erfassung der einzelnen Messgrößen unterschiedliche Frequenzgruppen zur Verfügung. Typischerweise liegen diese in den Bereichen von 1 Hz bis 4000 Hz.

Prüfstandsmaschinen und Umrichter: Um eine möglichst große Anzahl an
Antriebsstrangkonfigurationen auf dem Prüfstand erproben zu können, werden moderne Antriebsstrangprüfstände als Multikonfigurationsprüfstände eingesetzt [97].
Multikonfiguration bedeutet in diesem Zusammenhang, dass die Anzahl und Topologie der Prüfstandsmaschinen individuell an den zu erprobenden Antriebsstrang
angepasst werden können. Zusätzlich besteht die Möglichkeit, alle Maschinen
flexibel auf Spurweiten- und Achsabstände zu justieren. Abhängig davon, ob es
sich bei dem Prüfstand um einen Allrad- oder Einachsprüfstand handelt, stehen
typischerweise vier bzw. zwei Radmaschine (RM) und eine Eintriebsmaschine
(EM) als Drehmomentquelle zur Verfügung. Bei den Prüfstandsmaschinen handelt
es sich um die Schnittstelle zwischen Prüfstand und Prüfling. Üblicherweise sind sie
als Synchron- oder Asynchronmaschinen ausgeführt, welche im Vier-Quadranten-
Betrieb genutzt werden. Dabei handelt es sich um hochdynamische Maschinen mit
einem geringen Massenträgheitsmoment des Rotors, so dass diese ungefähr dem
Trägheitsmoment eines Personenkraftwagen (PKW)-Reifens entsprechen [19, 20].

Die Interaktion mit dem DUT erfolgt durch die physikalischen Größen *Drehzahl*
n_{eM} und *Drehmoment* M_{eM}. Das abtriebsseitige Belastungsmoment wird dabei
durch die RM abgebildet. Abhängig von der gewählten Regelungsart wird bei der
Erprobung häufig eine Straßenlastsimulation eingesetzt [118]. Anstelle des realen
Fahrzeugantriebs kann alternativ auch eine durch den Prüfstand bereitgestellte Elektrische Maschine (EM) als Drehmomentquelle eingesetzt werden. Jede Maschine
wird dabei durch einen eigenen Umrichter (Inverter) angesteuert und geregelt. Er
verfügt über einen Gleichspannungszwischenkreis und moduliert die physikalischen
Größen *Frequenz f* sowie *elektrische-Spannung U* der EM. Die Umrichter sind so
konzipiert, dass sie die Antriebe motorisch als auch generatorisch betreiben können
[110]. Die vom DUT-Antrieb abgegebene Leistung kann somit anteilig zurück in
das elektrische Hausnetz eingespeist werden. Als Schnittstellen zum AuSy werden
unter anderem PROFIBUS oder EtherCAT eingesetzt.

Fahrzeugenergiesystem und Peripheriegeräte: Das Fahrzeugenergiesystem (engl.
vehicle energy system) (VES) sowie externe Peripherie stehen bei Erprobungen
optional zur Verfügung. Anstelle von realen Traktionsbatterien in hybriden und elek-
tromotorischen Antriebssträngen werden häufig Batterieemulatoren eingesetzt. Hier
können die physikalischen Eigenschaften des Akkumulators in kürzester Zeit durch
Änderung des hinterlegten Batteriemodells erfolgen. Ein Vorteil ist, dass sämtliche
Batterietypen simuliert werden können und keine Stillstandszeiten am Prüfstand
aufgrund von Ladezeiten entstehen. Ein weiterer Gewinn ist, dass keine potenziell

brennbaren Batterien im Gebäude des Prüfstands untergebracht werden müssen. Zu den weiteren Peripheriegeräten gehören Luft- und Fluidkonditionierungen, eine Abgasabsauganlage und externe Messtechnik. Um neben Automatikgetrieben auch manuelle Getriebe erproben zu können, steht zusätzlich eine Getriebestelleinrichtung (GSE) zur Verfügung. Mit deren Hilfe werden die Schaltzüge und der Kupplungssteller des Getriebes durch Servomotoren angesteuert.

Device Under Test und Restbussimulation: Im Fokus einer jeden Erprobung steht das DUT. Abhängig vom Untersuchungsgegenstand und der Technologie variieren die Anzahl und Ausprägungen der Komponenten. Hierzu zählen alle Elemente des zu erprobenden Antriebsstrangs, wie typischerweise Antriebe, Getriebe, Differentiale und Inverter inklusive ihrer zugehörigen Steuergeräte. Charakterisierend für die Erprobung auf einem ASP ist, dass nur eine Teilmenge des Fahrzeuges (der Antriebsstrang oder Teile davon) physisch vorhanden ist. Sobald mindestens ein Steuergerät (engl. *Electronic-Control-Unit*) (ECU) des DUT am Prüfstand eingesetzt wird, müssen alle für den Fahrbetrieb relevanten und logisch fehlenden Botschaften des Fahrzeugs durch eine RBS simuliert werden. Aufgrund der Systemkomplexität und fahrzeugspezifischen individuellen Funktionalitäten erfolgt die Bereitstellung der benötigten Simulationen durch den Auftraggeber. Bedingt durch die Beschaffenheit des ASP können nicht alle systemrelevanten Sensoren eingebracht und bei der Erprobung verwendet werden. Hierbei handelt es sich beispielsweise um Raddrehzahlsensoren, die durch das Antiblockiersystem (ABS)-ECU erfasst werden. Die Bereitstellung der benötigten Messsignale erfolgt hierbei über das AuSy durch Auswertung der Maschinendrehzahlen von den RM und der EM. Die Kommunikation zwischen ECU und AuSy erfolgt meist über ein zusätzliches Hardware-Interface. Das ermöglicht die Nutzung von weiterer Software zu Mess- und Kalibrierzwecken. Als Übertragungsprotokoll werden hierbei Controller Area Network (CAN)-basierte Protokolle, wie z.B. CAN Calibration Protocol (CCP) oder Universal Measurement and Calibration Protocol (XCP), sowie FlexRay, Local Interconnect Network (LIN) und zunehmend Ethernet-basierte Protokolle eingesetzt.

In Abbildung 2.5 ist eine Übersicht der möglichen Prüfstandskonfigurationen dargestellt. Hier sind auf der obersten horizontalen Ebene die Prüfstandskonfigurationen
mit Verwendung der originalen Fahrzeugantrieben abgebildet. Auf der oberen linken Grafik ist beispielsweise eine *back-to-back*-Erprobung dargestellt [51]. Auf
der unteren horizontalen sind Erprobungen mithilfe der Prüfstands-EM abgebildet. Es ist zu erkennen, dass neben der Erprobung von Einzelkomponenten auch
Antriebsachsen bis hin zu kompletten Antriebssträngen eingesetzt werden können.

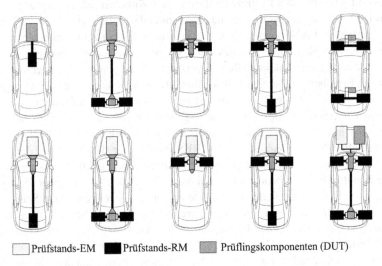

☐ Prüfstands-EM   ■ Prüfstands-RM   ■ Prüflingskomponenten (DUT)

Abbildung 2.5: Übersicht: Prüfstandskonfigurationen am Antriebsstrangprüfstand,
nach [93]

2.2.2 Prüfprogramme

Bei Prüfprogrammen handelt es sich um Sollwertvorgaben in Form von Ablauf-
tabellen zur Erprobung auf Prüfständen. Häufig dienen hierbei Drehzahl- und
Drehmomentgrößen der Prüfstandsmaschinen oder des Prüflings als Vorgabewerte.
Abhängig vom Reifegrad der zu erprobenden Bauteile und Komponenten wird in
Funktions- und Dauerlauferprobungen unterschieden. Bei Funktionserprobungen
handelt es sich um die Absicherung einer bestimmten Funktionalität des Prüflings
am Prüfstand. Hierbei werden zur Absicherung der Funktion relevante Belastungs-
profile erprobt. Bei einer Dauerlauferprobung, bspw. in Form eines Zyklendauer-
laufs, wird die Betriebsfestigkeit des Antriebsstrangs oder Fahrzeugs über die zu
erwartende Lebensdauer durch die in Kapitel 2.1.2 vorgestellten Lastkollektive
erprobt. Die Sollwertvorgaben in Form von zeitlich gerafften Lastprofilen bilden
die zu erwartende Belastung am Prüfstand ab [38, 107].

Nach [107] erfolgt die Einteilung der Prüfprogramme grundsätzlich in statische,
synthetische und dynamische Sollwertvorgaben. In Abbildung 2.6 ist eine Übersicht zur Einteilung von Prüfprogrammen an Antriebsstrangprüfständen dargestellt.
Insbesondere in frühen Entwicklungsphasen kommen Prüfprogramme mit stationären Betriebspunkten während der Erprobung zum Einsatz. Hiermit können erste
Simulationen, Bauteilauslegungen und nach Lastenheft erforderliche Betriebspunkte verifiziert werden. Häufig können dadurch in einer frühen Entwicklungsstufe
bereits erste Untersuchungen zum thermischen Verhalten sowie der Noise-Vibration-
Harshness (NVH) durchgeführt werden. Im Gegensatz dazu bilden synthetische
Prüfprogramme einzelne Fahrmanöver ab. Hierzu gehören beispielsweise Volllast-
anfahrten, Race-Starts und Fahrprofile mit einer hohen Anzahl an Schaltvorgängen.
Dynamische Sollwertvorgaben werden vorwiegend bei DUT mit einem hohen Reifegrad eingesetzt. Häufig bilden Lastkollektive hierbei die Basis zur Erstellung
eines dynamischen Prüfprogramms, insbesondere zur Dauerlauferprobung. Zu den
typischen dynamischen Fahrprofilen zählt auch der im Rahmen dieser Arbeit eingesetzte WLTC-Fahrzyklus.

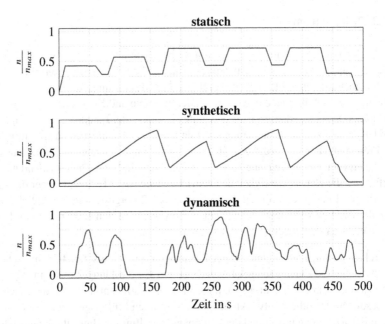

Abbildung 2.6: Übersicht: Einteilung Prüfprogramme am Antriebsstrangprüfstand
am Beispiel von Drehzahlen. Die Unterscheidung findet hierbei
in Form von statischen, synthetischen und dynamischen Prüfprogrammen statt, angelehnt an [107].

Bei Dauerlauferprobungen ist es üblich, dass ein dynamisches Prüfprogramm
mehrfach mit identischer Sollwertvorgabe in einer hohen Anzahl an Durchläufen
absolviert wird. Ein Durchlauf des Prüfprogramms wird deshalb auch Zyklus genannt. Demnach handelt es sich bei einer kompletten Dauerlauferprobung um einen
Zyklendauerlauf.

2.2.3 Fehlerfälle an Antriebsstrangprüfständen

Während der Versuchsdurchführung am ASP treten neben geplanten auch außerplanmäßige Stillstandszeiten auf, was die Effektivität des Prüfstands maßgeblich herabsetzt. Zu geplanten Standzeiten gehören beispielsweise Umbaumaßnahmen am Prüfstand oder Prüfling während des Versuchs oder die Durchführung von Wartungsarbeiten und Sichtkontrollen. Diese Maßnahmen werden bereits vor Beginn der Versuche eingeplant und sind fester Bestandteil der Untersuchung. Sie sind zwingend erforderlich und können somit nicht zur Steigerung der Effektivität gekürzt oder ausgelassen werden. Bei den ungeplanten Stillstandszeiten handelt es sich hingegen um außerplanmäßige Abschaltvorgänge und Standzeiten, welche aufgrund einer Abweichung des zulässigen Zustandsbereichs am ASP oder DUT auftreten. Im weiteren werden sie als Fehlerfälle am Antriebsstrangprüfstand bezeichnet. Eine Übersicht und Einteilung der Prüfstandsabschaltungen ist in Abbildung 2.7 dargestellt.

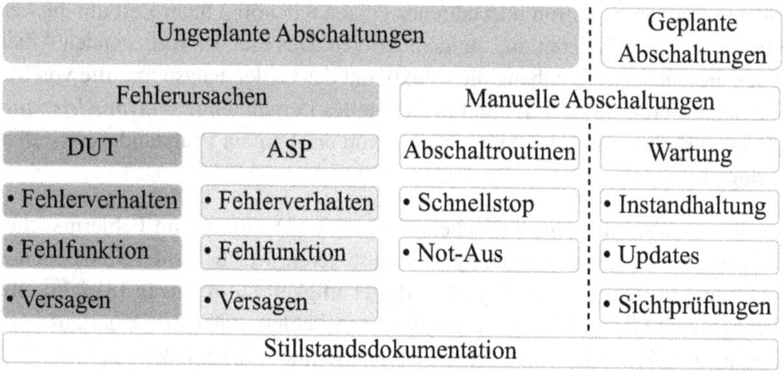

Ungeplante Abschaltungen			Geplante Abschaltungen
Fehlerursachen		Manuelle Abschaltungen	
DUT	ASP	Abschaltroutinen	Wartung
• Fehlerverhalten	• Fehlerverhalten	• Schnellstop	• Instandhaltung
• Fehlfunktion	• Fehlfunktion	• Not-Aus	• Updates
• Versagen	• Versagen		• Sichtprüfungen
Stillstandsdokumentation			

Abbildung 2.7: Klassifizierung von Prüfstandsabschaltungen am Antriebsstrangprüfstand, in Anlehnung an [108]

Ein zulässiger Zustandsbereich von Komponenten oder Baugruppen wird auf der Basis von Warn- und Abschaltgrenzwerten definiert. Die Funktionsweise des hierarchisch aufgebauten Grenzwertsystems am ASP ist in Kapitel 2.2.1 unter der Zuordnung des AuSy beschrieben. Bei Über- bzw. Unterschreiten der Abschaltschwelle mindestens einer Messgröße oder Detektion eines Fehlerstatus auf Basis einer Zustandsüberwachung am ASP werden die Maschinen über einen definierten Drehzahl- oder Drehmomentgradienten bis hin zum Stillstand geregelt und das

System, bestehend aus Prüfstand und Prüfling, in einen sicheren Betriebszustand versetzt [107]. Das AuSy des Prüfstands protokolliert dabei, welche Grenzwertverletzung den Abschaltvorgang ausgelöst hat. Die protokollierten Abschaltungen dienen nur als grobe Anhaltspunkte des verursachenden Fehlers. Grund dafür ist, dass häufig nicht die Ursache selbst, sondern Folgefehler zu einem Abschaltvorgang am ASP führen. Ein typisches Beispiel ist hierbei die Überschreitung von Differenzdrehzahl oder Differenzmoment an einer Achse. Anhand dieses Fehlereintrags im Prüfstandsprotokoll kann keine direkte Fehlerursache abgeleitet werden. Es kann beispielsweise ein mechanischer Defekt am Differential, Hauptgetriebe, an den Seitenwellen des Prüflings oder ein Fehler an einer der beiden Prüfstandsmaschinen vorliegen.

Zur Identifikation der genauen Fehlerursache bedarf es deshalb einer sorgfältigen manuellen Analyse der Messdaten durch das Prüfstandspersonal. Die Dauer der damit verbundenen Stillstandszeit hängt zum einen von Art und Umfang der Fehlerursache und zum anderen von der Effizienz der Fehleranalyse durch den Prüfstandsbediener ab. Ein unerfahrenes Personal benötigt mehr Zeit um die Fehlerursachen zu analysieren und zu identifizieren. Das Ziel der vorliegenden Arbeit ist aus diesem Zusammenhang die Effektivität der Fehleranalyse mithilfe von Methoden aus den Bereichen KI und Maschinelles Lernen (engl. *machine learning*) (ML) zu erhöhen bzw. die Abhängigkeit von erfahrenem Prüfstandspersonal zu verringern.

Für die Auswahl der physikalischen Größen zur Diagnose von Fehlerursachen am ASP ist es zunächst notwendig zu identifizieren, welche Fehlerarten bei einer Dauerlauferprobung in Abhängigkeit der Häufigkeit auftreten. In [3] wird eine umfangreiche Untersuchung zur Analyse von Fehlern während Dauerlauferprobungen an ASP durchgeführt. Darauf basierend findet anschließend in [107, 108] eine Kategorisierung der Fehlerarten statt. Bei dem Datensatz handelt es sich um Dauerlauferprobungen mit dem Untersuchungsschwerpunkt auf dem Getriebe. Verwendet werden dabei konventionelle Stufenautomatgetriebe mit einem Drehmomentwandler als Anfahrelement, eine Allrad-Getriebekombination, eine P2-Hybrid-Kombination und ein Sportgetriebe mit nasslaufender Kupplung als Anfahrelement [107]. Bei den in [107, 108] getätigten Untersuchungen handelt es sich um eine große statistische Datenmasse abgeschlossener Dauerlauferprobungen. Aufgrund der hohen Datenmenge besitzt sie einen repräsentativen Charakter. Das Ergebnis der Studie stellen insgesamt acht Fehlerkategorien dar, welche in [108] mithilfe der Pareto-Analyse auf fünf Kategorien reduziert werden. Ein Fehler stellt hierbei das

Verlassen des Sollzustandes und Über- bzw. Unterschreiten eines vorab definierten Schwellenwertes dar.

Es ergeben sich die nachfolgend dargestellten Fehlerkategorien, welche in Abhängigkeit ihrer Auftrittshäufigkeit absteigend dargestellt sind:

1. Drehzahl
2. Druck
3. Drehmoment
4. Zustand
5. Temperatur

Zu den mit Abstand häufigsten Fehlerursachen am ASP gehören demnach Drehzahlfehler. Die Ergebnisse der Fehlerkategorisierung werden im Rahmen dieser Arbeit in Kapitel 3.1 bei der Erstellung des Forschungsdatensatzes und der Auswahl an physikalischen Größen zur Detektion von Fehlerursachen berücksichtigt.

2.3 Fehlererkennung

Es ist üblich, Prozesse und Betriebszustände hinsichtlich Anomalien und Fehlern zu überwachen. Die Methode zur Detektion von Fehlern ist hierbei individuell und abhängig von den technischen Aufgabenstellungen. An Prüfständen ist es erforderlich Änderungen des normalen Prozessverhaltens mithilfe von signal- und/oder modellbasierten Fehleranalysemethoden zu detektieren. Zunächst ist hierfür eine Übersicht über relevante Methoden in Abbildung 2.8 dargestellt. Zur Klassifizierung von Fehleranalysemethoden hat sich in der Literatur insbesondere die Darstellung eines Entscheidungsbaumes nach [53] etabliert [27, 84].

Unterschieden wird hierbei grundsätzlich in zwei Fehleranalysemethoden. Die erste Analysemethode basiert auf der Auswertung univariater Signale. Hier sind beispielsweise Grenzwert- oder Trendüberwachungen angesiedelt. Bei der zweiten Methode handelt es sich hingegen um die Auswertung von multivariaten Signalen oder auf der Basis von Prozessmodellen. In dieser Kategorie befindet sich zudem die Fehlerdetektion mithilfe von KI-Methoden. Zusätzlich wird in pro- und retrospektive Fehleranalyse unterschieden. Der Unterschied hierbei ist, ob die Methode zur Fehlerdetektion *online* und in Echtzeit zum Prozess stattfindet oder auf Ba-

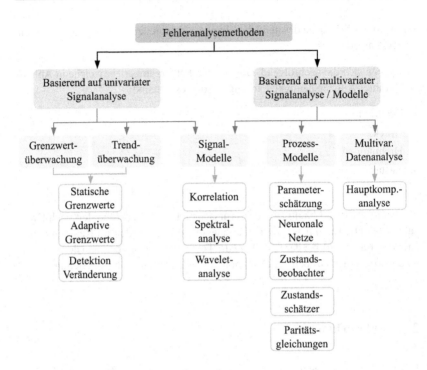

Abbildung 2.8: Übersicht: Klassifizierung Fehleranalysemethoden, angelehnt an
[53]

sis von Messdaten im Nachgang analysiert wird. Grundsätzlich eignen sich alle
vorgestellten Verfahren für eine pro- und retrospektive Fehleranalyse. Bei der im
Rahmen dieser Arbeit verwendeten Methode handelt es sich um eine retrospektive
Analyse von Fehlerursachen. In den folgenden Unterkapiteln werden die allgemeinen Methoden zur Detektion von Fehlern detailliert dargestellt. In Kapitel 2.4.2
wird zusätzlich auf die Fehleranalyse und Anomaliedetektion im Umfeld von KI
eingegangen.

2.3.1 Signalbasierte Fehlererkennung

Bei der signalbasierten Fehlererkennung handelt es sich um konventionelle Methoden, bei der univariate Signale zur Fehlererkennung verwendet werden [6]. Insbesondere Grenzwertmethoden sind hierbei relevant, da sie zu den am häufigsten eingesetzten Methoden zur Detektion eines Fehlerzustands am ASP gehören. Bei den zu überwachenden physikalischen Größen am Prüfstand handelt es sich um Drehzahlen, Drehmomente, Temperaturen, Drücke und Zustandsbits. Diese Größen werden sowohl bei Komponenten des Prüfstands als auch des DUT durch das AuSy überwacht. Häufig werden hierbei statische oder dynamische Grenzwerte zur Überwachung des Prüfstands eingesetzt (siehe Kapitel 2.2.1). Der Vorteil dieser Methode ist, dass vom Anwender kein tieferes Systemwissen benötigt wird. Es müssen vorab keine Erfahrungswerte gesammelt und Modelle angelernt werden. Der Kunde ist somit nicht in der Pflicht, interne Modelle und Simulationen zur Überwachung des DUT am ASP bereitzustellen. Es genügt hierbei absolute Grenzwerte zum Bauteilschutz zu definieren und im Prüfstand zu hinterlegen. Sie können mit geringem Zeitaufwand geändert und angepasst werden. Vorteilhaft ist zudem, dass keine signifikante Performance zur Fehlererkennung vom AuSy bereitgestellt werden muss. Die Formel zur Darstellung der statischen Grenzwertmethode ist in Gl. 2.1 dargestellt.

$$y_{min} < y(t) < y_{max} \qquad \text{Gl. 2.1}$$

Mit:

y_{min}	Unterer Grenzwert
y_{max}	Oberer Grenzwert
$y(t)$	Zeitkontinuierliches reelles Signal

Solange sich der Wertebereich des gemessenen Signals $y(t)$ innerhalb der Grenzen y_{min} und y_{max} befindet, gilt der Prozess als fehlerfrei [53]. Unsachgemäß definierte Grenzwerte können jedoch die Effektivität der Methode vermindern. Bei einem zu großen Toleranzbereich werden auftretende Fehler spät oder unter Umständen gar nicht erkannt. Im Gegensatz hierzu führt ein zu klein gewählter Toleranzbereich zu häufigen Fehlalarmen [6].

Eine weitere Kategorie zur signalbasierten Fehleranalyse bildet die Auswertung auf Basis von multivariaten Signalen. Diese werden beispielsweise dann eingesetzt, wenn eine modellbasierte Analyse aufgrund der Prozesskomplexität oder Modellgröße nicht verwendet werden kann. Zu den typischerweise eingesetzten Methoden gehört hierbei die Principal Component Analysis (PCA). Das Verfahren eignet sich insbesondere bei Signalen mit hoher Korrelation. Das Ziel der PCA ist es, den Datenraum durch die Eliminierung von redundanten Informationen zu reduzieren. Hierfür werden eine oder mehrere neue Variablen erzeugt, die untereinander keine Korrelationen mehr aufweisen und die reduzierten Informationen enthalten. Diese können dann zur Fehleranalyse beispielsweise hinsichtlich Änderungen überwacht werden [47, 84]. Diese Methode wird aufgrund des gesteigerten Arbeitsaufwands selten am ASP eingesetzt.

2.3.2 Modellbasierte Fehlererkennung

Die modellbasierte Fehlererkennung wird grundsätzlich in zwei Methoden, der Auswertung mittels Signal- oder Prozessmodellen, unterteilt. Beide Ansätze stellen hierbei eine Redundanz des gemessenen Signals durch ein entwickeltes Simulationsmodell dar [6]. Beispielsweise kann durch ein Prozessmodell der Verlauf eines Sensorsignals rekonstruiert werden. Bei hinreichender Modellgüte und Sensorgenauigkeit liegt eine analytische Redundanz vor, welche zur Fehlererkennung eingesetzt werden kann [6]. Eine Übersicht über die Funktionsweise der Prozessmodelle ist in Abbildung 2.9 dargestellt.

Charakterisierend für Signalmodelle ist, dass sie direkt messbare Ausgangssignale des Prozesses zur Bildung von Signalmodellen verwenden. Häufig weisen die Signale ein oszillierendes oder periodisches Verhalten auf, welches mithilfe von Frequenzspektren, Korrelationsfunktionen oder bestimmten Kennwerten ausgewertet werden kann [54, 84]. Zu den typischen Einsatzgebieten gehören die Auswertung und Fehlerüberwachung von Vibrationen und Körperschallsignalen an Getrieben [6].

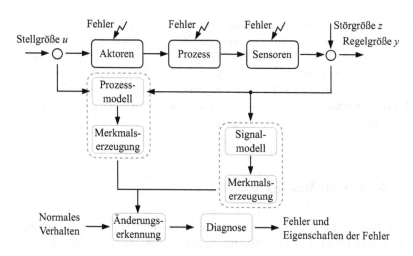

Abbildung 2.9: Modellbasierte Fehlererkennung - Übersicht Funktionsweise Auswertung durch Prozess- und Signalmodell, nach [27]

Bei Prozessmodellen werden im Unterschied zu Signalmodellen sowohl Ein- als auch Ausgangssignale zur Auswertung verwendet. Zu den Verfahren zählen unter anderem Parameterschätzung, neuronale Netze, Zustandsgrößenbeobachter und Paritätsgleichungen. Letztere zählen hierbei zu den am einfachsten umsetzbar und mit Abstand am häufigst eingesetzten Methoden bei Prozessmodellen [27]. Bei ihnen wird ein Messsignal mithilfe eines Simulationsmodells basierend auf Paritätsgleichungen abgebildet. Die Funktionsweise ist in Abbildung 2.10 dargestellt.

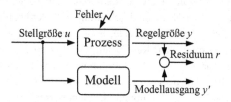

Abbildung 2.10: Fehlererkennung durch Auswertung mit Paritätsgleichungen, in Anlehnung an [6, 27]

Die Differenz zwischen dem Ausgangssignal y des Prozesses und dem Modellausgang y' wird als Residuum r bezeichnet. Bildet das Modell den Prozess ideal ab, ergibt sich für das Residuum ein Wert von null. Folglich spiegelt das Residuum die Güte des analytischen Modells wider. Tritt nun ein Fehler innerhalb des Prozesses auf, steigt der Wert des Residuums und es kann eine Abweichung detektiert werden [6]. Zur Erstellung von Prozessmodellen ist ein fundiertes Wissen des physikalischen Prozesses notwendig.

2.4 Künstliche Intelligenz

Die Künstliche Intelligenz (engl. *artificial intelligence*) stellt eines der Kernthemen im Rahmen dieser Arbeit dar. Hierfür werden zunächst die notwendigen Grundlagen zum Verständnis der in dieser Arbeit verwendeten Methoden erläutert. In Kapitel 2.4.1 erfolgt zunächst die allgemeine Definition eines KI-Algorithmus. Anschließend wird der Aufbau eines Neurons und der schematische Lernprozess eines Neuronalen Netzes (NN) dargestellt. Im weiteren Verlauf der Arbeit werden in Kapitel 4 die Modelle zur Beantwortung der Forschungsfrage entwickelt.

2.4.1 Grundlagen der künstlichen Intelligenz

Computer stellen eines der wichtigsten Hilfsmittel des Menschen in der heutigen Zeit dar und sind aus dem Alltag nicht mehr wegzudenken. Sie sind in der Lage, mit ihren Algorithmen auf Grundlage von exakten mathematischen Regeln Millionen von Rechenoperationen pro Sekunde durchzuführen. In der heutigen Zeit existieren aber zunehmend mehr Aufgabengebiete, bei denen keine oder nur mit großem Aufwand klare mathematischen Regeln aufgestellt werden können. Diese sind beispielsweise die Sprach- oder Objekterkennung. Zusätzlich lässt sich Wissen nicht nur auf Grundlage von deduktivem Wissens-erwerb (Logik) erzeugen, sondern auch mithilfe von induktiven Methoden zur Generierung von Wissen (Statistik) [92]. Das stellt klassische Algorithmen vor Herausforderungen, die unter anderem zukünftig durch den Einsatz von Methoden aus dem Umfeld der KI gelöst werden sollen.

Wie lautet die allgemeine Definition des Begriffs KI? In der Literatur findet sich
hierzu keine allgemeingültige Aussage, jedoch wird häufig ein Zitat von Elaine
Rich aus dem Jahre 1983 verwendet [34, 63]:

> „Artificial Intelligence is the study of how to make computers do
> things at which, at the moment, people are better." [103]

Auch in der heutigen Zeit ist dieses Zitat zur Beschreibung von KI noch treffend.
Daraus abgeleitet ergeben sich beispielsweise Aufgabenstellungen, bei denen ko-
gnitive Fähigkeiten vorausgesetzt werden. Charakterisierend für eine KI ist zudem,
dass sie in der Lage ist, Modelle selbstständig zu optimieren und auf Basis von
gesammelten Erfahrungen weiterzuentwickeln und anzupassen. Im Rahmen dieser
Arbeit wird der Begriff KI stellvertretend für *Schwache-KI* verwendet. Gekennzeichnet wird sie durch die Fähigkeiten, dass sie zum einen auf Basis von Daten
selbstständig lernen und zum anderen logikbasierte Modelle erstellen können. Von
Starker-KI spricht man hingegen, wenn sie in der Lage ist ein eigenes Bewusstsein
sowie Gefühle zu entwickeln. Nach dem heutigen Stand der Technik existieren
jedoch keine Methoden oder Forschungsansätze zur Umsetzung einer solchen KI.
[92]

Der allgemeine Oberbegriff KI umfasst mehrere Teilgebiete. Sie sind in Abbildung
2.11 dargestellt.

Künstliche Intelligenz   KI : Oberbegriff
Neuronale Netze   NN: Konzepte zur Modellbildung
Machine Learning   ML: Künstliche Generierung von
Deep Learning   Wissen aus Erfahrung
                                  DL: Spezielle Algorithmen zur
                                      Unterstützung des ML

Abbildung 2.11: Übersicht: Begrifflichkeiten der künstlichen Intelligenz, in Anlehnung an [63]

Im Rahmen dieser Arbeit werden insbesondere Methoden aus dem Bereich ML
verwendet. Diese Unterkategorie der KI beschreibt die Fähigkeit eines Algorithmus,
selbstständig Muster und Informationen aus Datensätzen zu erlernen [47]. Der

Begriff ML wird im Folgenden als Synonym für KI innerhalb der vorliegenden Arbeit verwendet.

Ein NN entsteht durch die Kombination mehrerer Neuronen in einem Netzwerk. Neuronen sind hierbei Funktionen, die aufgrund von Eingaben adäquate Ausgaben erzeugen und durch justierbare Stellwerte in Folge eines Lernprozesses angepasst werden [47]. Hierfür dient eine biologische Nervenzelle als Vorbild. In Abbildung 2.12 ist zur Veranschaulichung ein biologisches Neuron im direkten Vergleich zu dem Modell eines künstlichen Neurons abgebildet.

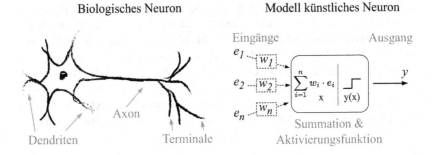

Biologisches Neuron   Modell künstliches Neuron

Abbildung 2.12: Biologisches und künstliches Neuron im Vergleich, angelehnt an [102]

Die Aufgabe der biologischen sowie künstlichen Neuronen liegt darin, Informationen weiterzutransportieren. Bei der biologischen Zelle werden die Signale zunächst durch die Dendriten erfasst. Anschließend erfolgt die Weitergabe der aufgenommenen Informationen entlang der Axone zu den Terminalen. Hier werden die Signale dann an weitere Neuron übertragen. [102, 123]

Im direkten Vergleich hierzu steht das Modell des künstlichen Neurons. Die Informationen werden durch die Eingänge e_i erfasst und mithilfe von Gewichtungsfaktoren w_i aufsummiert. Die Generierung des Ausgangssignals y_i auf Basis der aufsummierten Eingänge erfolgt durch eine Übertragungs- oder auch Aktivierungsfunktion. Hierbei werden zur Erzeugung der Ausgangssignale Schwellenwerte verwendet. Zu den häufig eingesetzten Aktivierungsfunktionen zählt beispielsweise die Sigmoidfunktion. In Kapitel 4.3 ist eine Übersicht der Übertragungsfunktionen im KI-Umfeld abgebildet. Es existiert hierbei eine Vielzahl an möglichen Topologien und Architekturen. Die Anzahl an verwendeten Neuronen und die zugrundeliegende Architektur in einem NN ist abhängig von der Aufgabenstellung und den zur Verfügung stehenden Datensätzen. Dabei bestehen verschiedene Möglichkeiten an KI-Methoden und Ausprägungen. Um den Lernvorgang besser verstehen zu können, ist in Abb. 2.13 ein Schaubild zur Anpassung der Gewichte eines NN während des iterativen Lernvorgangs dargestellt.

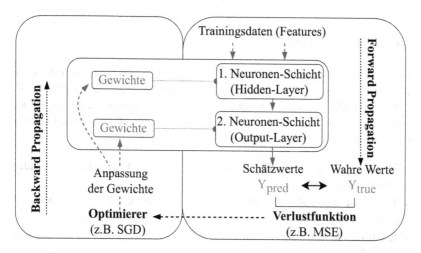

Abbildung 2.13: Anpassung der Gewichte eines neuronalen Netzes, in Anlehnung an [47]

Zunächst werden während der *Forward Propagation* dem NN die Trainingsdaten zugeführt. Unter Berücksichtigung der Anzahl an Schichten und den jeweiligen Gewichtungen liefert das Netzwerk Schätzwerte anhand der Eingabeinformationen. Diese werden unter Zuhilfenahme einer Verlustfunktion mit den wahren Werten (Trainingsdaten) verglichen. Häufig wird hierfür die Mean Squared Error (MSE)-Funktion eingesetzt. Die ermittelte Differenz der Verlustfunktion wird anschließend einem Optimierungsalgorithmus, bspw. dem Stochastic Gradient Descent (SGD)-Algorithmus, zugeführt. Innerhalb der *Backward Propagation* werden anschließend die Gewichte in den einzelnen Neuronen-Schichten mit dem Ziel angepasst, die Abweichung zwischen den Trainingsdaten und Schätzwerten zu eliminieren.

Beim Durchlauf einer Iteration handelt es sich um eine *Epoche*. Das Netzwerk wird mithilfe von Trainingsdaten sukzessiv trainiert und anschließend mit Validierungs- daten verifiziert, so dass die Performance des Modells bewertet werden kann. Zur weiteren Vertiefung der Grundlagen zur KI wird auf die einschlägige Literatur in [34, 39, 47, 63, 78] verwiesen.

2.4.2 Anomalieerkennung

Dieses Kapitel stellt eine Übersicht dar, welche KI-Methoden bereits zur Erkennung von Fehlern in uni- und multivariaten Zeitreihendaten eingesetzt werden. In der Literatur wird hierbei äquivalent der Begriff Anomaliedetektion mit der Unterschei- dung unterschiedlicher Arten von Anomalien verwendet. Grundsätzlich können diese wie folgt kategorisiert werden [91]:

- **Punktanomalie**: Ein einzelner Datenpunkt weicht im Vergleich zum normalen Datenverlauf ab
- **Kollektive Anomalie**: Eine Gruppe von zeitlich aufeinanderfolgenden Daten- punkten weicht gegenüber dem fehlerfreien Verlauf der Daten ab
- **Kontextuelle Anomalie**: Aufeinanderfolgende- oder einzelne Datenpunkte wei- sen in Bezug zu ihrem Kontext eine Anomalie auf

Der Fokus in dieser Arbeit liegt aufgrund der Fehlercharakteristik am ASP insbe- sondere bei der Erkennung von kollektiven Anomalien. In der Literatur reichen die ersten wissenschaftlichen Veröffentlichungen zur Erkennung von Anomalien in Zeitreihendaten bereits auf das Jahr 1887 zurück [33]. Auch in der heutigen Zeit spielt insbesondere im Umfeld von KI das Themengebiet der Anomalieerkennung eine bedeutende Rolle. [21, 35, 47, 91]

Für die Aufgabenstellung ergeben sich folgende Anforderungen an die Auswahl einer KI-Methode:

- Eignung für beschriftete Daten
- Eignung für Zeitreihenanalyse
- Eignung zur Anomaliedetektion

Hierbei sind insbesondere Autoencoder-Architekturen nach dem Stand der Technik optimal geeignet [128].

2.4.3 Performance-Metriken

Um die Qualität und Leistungsfähigkeit der entwickelten KI-Modelle bewerten zu können, müssen geeignete Metriken verwendet werden. Hierfür bedarf es der Festlegung von geeigneten Performance-Metriken, um die Qualität der Ergebnisse interpretieren und vergleichen zu können. Nachfolgend werden deshalb verschiedene Bewertungskennzahlen vorgestellt, welche im späteren Verlauf zur Interpretation der Ergebnisse Anwendung finden. Zunächst werden in diesem Kapitel die allgemeinen Performance-Metriken zur qualitativen Beurteilung von KI-Modellen dargestellt. Am Ende dieses Kapitels befinden sich Kennzahlen zur Bewertung der Ergebnisse im Rahmen dieser Arbeit.

Zu den in der Literatur häufig eingesetzten Metriken zur Evaluation von Modellen gehören der Mean Absolute Error (MAE), Mean Squared Error (MSE) und darauf basierend der Root Mean Squared Error (RMSE) [66, 75, 101]. Die Berechnungsformeln sind in Gl. 2.2 dargestellt.

$$MAE = \frac{1}{N} \sum_{i=1}^{n} |x - x'|$$

$$RMSE = \sqrt{MSE} = \sqrt{\frac{1}{N} \sum_{i=1}^{n} (x - x)^2}$$

Gl. 2.2

Mit:

N	Gesamtanzahl der Stichprobenelemente
x'	Prädizierter Datenwert
x	Datenwert

Alle drei Parameter sind hierbei antiproportional zur Modellgüte. Das bedeutet, dass die berechneten Werte bei einem idealen Modell den Wert null annehmen. Sie werden häufig bei der Entwicklung von KI-Modellen eingesetzt, um unterschiedliche Architekturen und Parametersätze vergleichen zu können. Die Metriken MSE und RMSE reagieren im Vergleich zum MAE aufgrund ihrer Beschaffenheit sensibler auf einzelne Signalausreißer. Sie werden deshalb im weiteren Verlauf der Arbeit als hauptsächliche Kennzahl für das Hyperparametertuning und zur Ermittlung der Modellgenauigkeit verwendet.

Die nachfolgend dargestellten Performance-Metriken werden üblicherweise zur
Darstellung von Ergebnissen bei Klassifizierungsaufgaben verwendet. Mit ihnen
lässt sich die Qualität der trainierten Klassifizierer beurteilen. Hierfür werden
zunächst folgende Abkürzungen eingeführt [25, 47]:

- **True-Positive (TP)**: Positiver Erwartungswert und positive Vorhersage
- **False-Positive (FP)**: Negativer Erwartungswert und positive Vorhersage
- **False-Negative (FN)**: Positiver Erwartungswert und negative Vorhersage
- **True-Negative (TN)**: Negativer Erwartungswert und negative Vorhersage

Häufig werden die zuvor eingeführten Kennziffern in Form einer *Confusion-Matrix*
dargestellt. Bei dieser Darstellung werden die wahren und geschätzten Werte des
Klassifizierers in Form einer Matrix veranschaulicht. Hier lassen sich die Ergebnisse
und Qualität der Methode direkt visuell erfassen. Die Confusion-Matrix ist in Gl.
2.3 abgebildet:

$$Confusion\text{-}Matrix = \begin{bmatrix} TP & FP \\ FN & TN \end{bmatrix} \qquad \text{Gl. 2.3}$$

Das bestmögliche Ergebnis wird erreicht, wenn die Kennzahlen FN und FP den
Wert null annehmen. Auf Grundlage der Confusion-Matrix lassen sich weitere
Kennzahlen ableiten, welche nachfolgend näher erläutert werden. Bei der ersten
Kennzahl handelt es sich um einen interpretierbaren Kennwert. Die Berechnung ist
in Gl. 2.4 abgebildet [47].

$$Accuracy = \frac{TP + TN}{TP + FP + FN + TN} \qquad \text{Gl. 2.4}$$

Die Accuracy stellt dabei das Verhältnis von wahren Vorhersagen zu der Summe
aller Aussagen dar. Obwohl diese Kennzahl häufig zur Evaluation von Ergebnissen
verwendet wird, weist sie bei einer ungleichmäßigen Verteilung der Klassen Schwä-
chen auf [25, 47, 94]. Aufgrunddessen werden unter Gleichung Gl. 2.5 weitere
Kennzahlen eingeführt.

$$Recall = \frac{TP}{TP + FN}$$

$$Precision = \frac{TP}{TP + FP}$$

Gl. 2.5

$$F1\text{-}Score = \frac{2 \cdot TP}{2 \cdot TP + FP + FN}$$

Bei der Kennziffer *Recall* handelt es sich auch um die sog. True-Positive-Rate (TPR). Sie wird auch als Sensitivität bezeichnet und stellt dabei das Verhältnis von korrekt vorhergesagten positiven Klassen in Bezug auf die Gesamtanzahl aller zu erwartenden positiven Klassen dar. Als weitere Kennziffer dient die *Precision*. Zur Ermittlung wird hierbei die Anzahl korrekt ermittelter positiver Klassen zu der Gesamtanzahl an positiv detektieren Klassen gegenübergestellt. Sie können in einer Kennzahl, dem *F1-Score*, zusammengefasst werden. [23, 47, 94]

2.5 Einordnung und Abgrenzung

In diesem Unterkapitel findet die Einordnung und Abgrenzung des Forschungsthemas im wissenschaftlichen Kontext statt. Zunächst erfolgt hierfür eine Darstellung des aktuellen Forschungsstands sowie in diesem Kontext relevanter Arbeiten und Veröffentlichungen. Abschließend werden die Forschungsfrage sowie Zielsetzung dieser Arbeit definiert.

2.5.1 Aktueller Stand der Forschung

Methoden aus dem Gebiet der künstlichen Intelligenz werden bereits seit einigen Jahren erfolgreich zur Detektion von Anomalien und Fehlern in Zeitreihendaten sowie zur Überwachung von Komponenten und Anlagen eingesetzt. Diese finden auch im speziellen Umfeld der Prüfstandstechnik zunehmend Anwendung. Aufgrund der Vielzahl an Veröffentlichungen werden nachfolgend exemplarisch einige relevante Beispiele aus der Literatur im Kontext der Anomalieerkennung durch KI dargestellt.

So wird beispielsweise in [10] der Einsatz dieser Methoden an einem Prüfstand für Waschtrockner zur Überwachung von Sensordaten untersucht. In [132] wird die Fehlererkennung einer Gasturbine mittels KI vorgestellt.

Des weiteren sind in [9, 15, 69, 95, 124] weitere Untersuchungen von KI-Algorithmen zur Detektion von Anomalien uni- und multivariater Zeitreihen im industriellen Umfeld dargestellt. Weitere Anwendungsgebiete sind Methoden, welche basierend auf trainierten KI-Modellen in der Lage sind, zukünftige Werte zu prognostizieren und hinsichtlich Anomalien auszuwerten. Hierbei dienen in [98] Temperaturen als Datenreihen und in [11] die Stromverbrauchsdaten von öffentlichen Einrichtungen. In den dargestellten Veröffentlichungen wird häufig ein Autoencoder im Vergleich zu anderen Methoden evaluiert. Insbesondere ein AE in Kombination mit einer LSTM-Zelle wird häufig zur Fehlererkennung mit eingesetzt und erzielt im Vergleich zu anderen Methoden eine hohe Detektionsrate bei gleichzeitig großer Präzision.

Im wissenschaftlichen Kontext und direktem Bezug zu ASP existieren bisher Methoden zur Fehlerklassifizierung zum Auslösen automatischer Reaktionen [107, 108]. Diese basieren auf einer umfassenden Untersuchung in [3], welche Fehlerarten und Ursachen bei unterschiedlichen Getriebeerprobungen am ASP auftreten. Aufgrund der Anzahl und Art der untersuchten Erprobungen kann hierbei von einer repräsentativen Datenmenge ausgegangen werden. Eine weitere Veröffentlichung in Bezug zu dieser Arbeit stellt [17] dar. Hier werden Methoden zur Anomalie- und Fehlererkennung in mechanischen Systemen an Antriebssträngen in Form von Lagerschäden untersucht. Bei den eingesetzten Methoden zur Fehlererkennung handelt es sich um Hypersphere-Data-Description-Fault-Tracing (HDD-FT) und Support Vector Data Description (SVDD). Eine weitere Veröffentlichung in Relation zu dieser Arbeit stellt das Konzept zur Umsetzung einer Online-Messdiagnose an Motorenprüfständen in [37] dar. Hier besteht das Ziel, prospektiv und in Echtzeit Fehler auf Basis von Messdaten zu detektieren. Dabei werden klassische Verfahren, wie bspw. die Standardabweichung oder Schwellenwerte zur Detektion von Fehlern eingesetzt.

Die Integration von KI-Methoden zur Identifikation von Fehlerursachen am ASP stellt hierbei einen neuen Ansatz dar. Bisher gab es prinzipiell weder am ASP noch im Rahmen der Anomalieerkennung Untersuchungen zum Einsatz von KI.

Die erste Veröffentlichung im Rahmen dieser Arbeit stellt [65] dar. Hier werden zunächst die Grundidee und Rahmenbedingungen sowie mögliche Methoden und Eingrenzungen vorgestellt. Im Verlauf der Untersuchung sind auf Basis dieser Veröffentlichung weitere studentische Arbeiten unter der Betreuung des Autors entstanden. Die Erarbeitung der Ergebnisse erfolgte hierbei auf Basis einer stark reduzierten Datenmenge aus dem Forschungsdatensatzes von Kapitel 3.1. In [128] wird eine umfassende Literaturrecherche im Hinblick auf den Einsatz von KI im Prüfstandsumfeld durchgeführt. Parallel hierzu werden in [93] allgemeine Methoden zur Synchronisation von Messdaten und KI am Beispiel von prototypischen Implementierungen vorgestellt. Basierend auf diesen Arbeiten werden in [22, 72] weitere Untersuchungen zu den Themengebieten Synchronisierung von Messdaten, AE und LSTM-Zellen durchgeführt.

2.5.2 Forschungsfrage und -ziele

Aufgrund verschiedener Herausforderungen in der modernen Fahrzeugentwicklung (siehe Kapitel 2.1: road-to-rig, technologischer Wandel, zunehmender Kostendruck, etc.) ist die Erprobung von Antriebssträngen auf Prüfständen auch zukünftig von Bedeutung. Die Analyse von Fehlern während der Erprobung auf einem Antriebsstrangprüfstand erfolgt aufgrund der Komplexität des Systems nach aktuellem Stand rein manuell durch den Prüfstandsbediener. Die Effektivität der Fehlersuche hängt maßgeblich vom Faktor Mensch ab. Gleichzeitig halten in der modernen Fahrzeugentwicklung zunehmend Fachbegriffe wie KI und ML Einzug, welche auch im Umfeld der Erprobung zu einer Steigerung der Effektivität führen können. Es existieren bereits einzelne Prüfstände, bei denen KI zur Identifikation von Fehlern eingesetzt wird. Aufgrund der Komplexität eines Antriebsstrangprüfstands und des breiten Spektrums an Erprobungsmöglichkeiten finden hier bisher keine modernen Fehleranalysemethoden Anwendung. Die vorliegende Dissertation schließt diese Lücke und untersucht die Möglichkeiten zum Einsatz von KI zur Offline-Diagnose von Fehlerursachen. Hierbei ergibt sich folgende Forschungsfrage:

"Wie können KI-basierte Methoden zur Steigerung der Effektivität an Antriebsstrangprüfständen bei der Analyse von Fehlerursachen retrospektiv eingesetzt werden?"

Abgeleitet von der Forschungsfrage ergeben sich folgende Ziele:

- Entwicklung eines repräsentativen Forschungsdatensatzes mit synthetisch generierten Fehlern im Drehzahl- und Drehmomentverlauf an Eintriebsmaschine und
  zwei Radmaschinen eines ASP
- Evaluation von Datenvorverarbeitungsmethoden zur Identifikation von Anomalien und Fehlern auf Basis von Messdaten eines ASP mithilfe von KI
- Auswahl und Umsetzung von KI-Methoden zur Anomalie- und Fehlererkennung
  an uni- und multivariaten Messdaten eines Antriebsstrangprüfstands
- Entwicklung einer Methode zur Detektion von Fehlerzeitpunkten auf Basis eines
  Anomalie-Scores mithilfe von statischen und dynamischen Grenzwerten
- Validierung der entwickelten Methodik auf Basis des erstellten Forschungsdaten-
  satzes

Eine Anforderung zur Entwicklung der Methoden ist, dass sie ohne zusätzliche
Messtechnik und Hardware in bestehenden Prüfständen einsetzbar sind. Die Fehlerauswertung muss auf Basis der bereits im AuSy zur Verfügung stehenden Messsignale angewendet werden können.

3 Datenerhebung und -vorverarbeitung

Während einer Erprobung am ASP wird eine Vielzahl an Messdaten aufgezeichnet. Sie enthalten neben den für die Erprobung relevanten Daten zusätzliche Informationen zu den aufgetretenen Fehlern am Prüfstand. Das Ergebnis der Fehlerdiagnose hängt somit maßgeblich von der Qualität und Beschaffenheit der Messdaten am ASP ab und sie bilden folglich die Grundlage zur Fehlerauswertung dieser Arbeit.

Zur Entwicklung und Evaluation der notwendigen Methoden zur Diagnose von Fehlerursachen werden zunächst Messdaten einer repräsentativen Erprobung am ASP benötigt. Hierzu wird in Kapitel 3.1 die Planung und Erhebung eines Forschungsdatensatzes im Rahmen dieser Arbeit vorgestellt. Um die Messdaten anschließend hinsichtlich Fehler und Anomalien auswerten zu können, müssen sie in eine für die KI interpretierbare Form überführt werden. Dazu gehören die Signalaufbereitung in Kapitel 3.3 sowie die Datensynchronisation in Kapitel 3.4. Um die Performance der KI-Modelle zu erhöhen werden in Kapitel 3.5 die relevanten Zeitbereiche extrahiert.

3.1 Erhebung des Forschungsdatensatzes

Um im Rahmen dieser Arbeit und auch zukünftig wissenschaftliche Fragestellungen am ASP untersuchen zu können, wird ein Forschungsdatensatz erhoben. Das Ziel ist einen wissenschaftlich repräsentativen Datensatz einer Erprobung am Prüfstand zu generieren, der neben den Erprobungszyklen auch die typischerweise am Prüfstand auftretenden Fehlerfälle abbildet. Dies umfasst neben der Planung des Prüfprogramms auch den Aufbau des DUT sowie die Durchführung und Verifikation der Messungen am Antriebsstrangprüfstand.

Die Wahl eines geeigneten Prüfprogramms erfolgt anhand des Kriteriums, dass es typische Eigenschaften einer Dauerlauferprobung am Antriebsstrangprüfstand abbildet (siehe auch Kapitel 2.2). Für den Forschungsdatensatz wird als Prüfprogramm der WLTC eingesetzt. Hierbei handelt es sich um einen vom Gesetzgeber genormten Prüfzyklus zur Ermittlung von Abgasemissionen, Reichweite und Verbrauch. Er wird im Worldwide harmonized Light Duty Test Procedure (WLTP) als Prüfzyklus eingesetzt und ist für alle neu zugelassenen Fahrzeuge in der Europäischen Union (EU) seit dem 1. September 2018 Pflicht [55]. In Tabelle 3.1 ist eine Übersicht über relevante Parameter des eingesetzten Zyklus dargestellt[1]. Die aus [125] übernommenen Sollwerte liegen in der Form von Geschwindigkeits-Zeit-Vorgaben vor und müssen in für die verwendete Regelungsart relevanten Größen überführt werden. Zur Aufzeichnung des Forschungsdatensatzes wird ein 3-Maschinenprüfstand des Institut für Fahrzeugtechnik Stuttgart (IFS) in der Regelungsart M/n verwendet. Die Sollwertvorgaben müssen deshalb in die Größen M_{VM} (Gl. 3.6) und n_{Rad} (Gl. 3.7) überführt werden.

Tabelle 3.1: Eigenschaften eines Zyklus des Forschungsdatensatzes, basierend auf WLTC cl3 v5.3

Parameter	WLTC class 3 [125]
Gesamtdauer	1800 s
Gesamtstrecke	23.27 km
Durchschnittsgeschwindigkeit	46.5 km/h
Max. Geschwindigkeit	131.3 km/h
Max. Beschleunigung	1.6 m/s^2
Max. Verzögerung	−1.5 m/s^2
Beschleunigungsanteil	31.9 %
Verzögerungsanteil	30.2 %
Leerlaufanteil	12.6 %

$$M_{VM} = F_Z \cdot \frac{r_{dyn}}{i_{ges} \cdot \eta_{ges}} \qquad \text{Gl. 3.6}$$

Mit:

M_{VM} Motordrehmoment
F_z Zugkraft
r_{dyn} Dynamischer Reifenhalbmesser
i_{ges} Gesamtübersetzungsverhältnis
η_{ges} Gesamtwirkungsgrad

[1]Entgegen der gebräuchlichen Verwendung des Kommas als Dezimaltrennzeichen, wird in dieser Arbeit stattdessen ein Punkt verwendet.

und

$$n_{Rad} = \frac{v}{2 \cdot \pi \cdot r_{dyn}}$$ Gl. 3.7

Mit:

n_{Rad} Radmaschinendrehzahl
v Geschwindigkeit
r_{dyn} Dynamischer Reifenhalbmesser

Bei den zur Berechnung der Sollwerte benötigten fahrzeug- und umweltspezifischen Parametern handelt es sich um Kennwerte eines Mittelklassefahrzeugs im süddeutschen Raum. Die Variation der Kennzahlen beeinflusst das Ergebnis im Rahmen dieser Arbeit nicht, weshalb sie nicht gesondert ausgewiesen werden. Die Darstellung der Ordinate erfolgt in allen Diagrammen zudem ausschließlich normiert.

Um neben den statischen auch die dynamischen Lastanteile zu berücksichtigen, findet die Berechnung des Motormoments M_{VM} mithilfe der Fahrwiderstandsgleichung statt. In Abbildung 3.1 sind die einzelnen Kraftanteile der Fahrwiderstandsgleichung schematisch dargestellt.

Abbildung 3.1: Übersicht: Kraftanteile der Fahrwiderstandsgleichung - schematische Darstellung

Die Zugkraft des Fahrzeugs auf Grundlage der Fahrwiderstandsgleichung besteht aus der Summe verschiedener Kraftanteile. Mithilfe dieser Anteile lässt sich die benötigte Zugkraft F_z in Abhängigkeit von fahrzeugspezifischen Parametern und Umwelteinflüssen ermitteln. Die Berechnung ist in Gl. 3.8 dargestellt. Nachfolgend werden die Bestandteile der Fahrwiderstandsgleichung näher erläutert.

$$F_z = F_a + F_L + F_R + F_S \qquad \text{Gl. 3.8}$$

Mit:

F_z	Zugkraft
F_a	Beschleunigungswiderstandskraft
F_L	Luftwiderstandskraft
F_R	Rollwiderstandskraft
F_S	Steigungswiderstandskraft

Erfährt ein Fahrzeug eine positive oder negative Geschwindigkeitsänderung in Form von Beschleunigung oder Verzögerung, wirkt die Beschleunigungswiderstandskraft in gegensätzlicher Richtung. Die Formel ist in Gl. 3.9 dargestellt [30].

$$F_a = (m_{Fz} + \frac{J_{red}}{r_{dyn}^2}) \cdot \frac{dv}{dt} \qquad \text{Gl. 3.9}$$

Mit:

F_a	Beschleunigungswiderstandskraft
m_{Fz}	Fahrzeugmasse
J_{red}	Reduziertes Massenträgheitsmoment
r_{dyn}	Dynamischer Reifenhalbmesser
v	Geschwindigkeit
t	Zeit

Die dargestellte Gleichung wird für die reine Längsbeschleunigung des Fahrzeugs verwendet, kann aber ebenfalls für die Querbeschleunigung eingesetzt werden. Zusätzlich zum linearen Beitrag der Beschleunigungswiderstandskraft durch die Fahrzeugmasse müssen ebenfalls alle rotierenden Massen durch J_{red} berücksichtigt werden, da die sich drehenden Teile eine Drehzahländerung erfahren. Bei J_{red} handelt es sich um die Summe der Einzelträgheiten [30].

Eine weitere Kraft in der Fahrwiderstandsgleichung ist die Luftwiderstandskraft. Diese resultiert aus der Überwindung des Luftwiderstands während des Fahrbetriebs und ist in Gl. 3.10 abgebildet.

$$F_L = \frac{1}{2} \cdot \rho_L \cdot A_L \cdot c_w \cdot v_{rel}^2 \qquad \text{Gl. 3.10}$$

Mit:

F_L	Luftwiderstandskraft
ρ_L	Luftdichte
A_L	Luftwiderstandsfläche
c_w	Luftwiderstandsbeiwert
v_{rel}	Relativgeschwindigkeit

Hierbei wird deutlich, dass F_L maßgeblich von der Aerodynamik des Fahrzeugs durch die Parameter A_L und c_w abhängig ist. Bei v_{rel} handelt es sich um die Relativgeschwindigkeit zwischen Fahrzeug und Windgeschwindigkeit [30].

Die Größe zur Überwindung des Rollwiderstands wird durch die Rollwiderstandskraft dargestellt. Berücksichtigt werden hierbei Kräfte, welche unter anderem durch die Verformung des Reifens und der Beschaffenheit der Fahrbahnoberfläche entstehen. Die Gleichung hierzu ist in Gl. 3.11 abgebildet.

$$F_R = c_r \cdot m_{Fz} \cdot g \cdot \cos(\alpha) \qquad \text{Gl. 3.11}$$

Mit:

F_R	Rollwiderstandskraft
c_r	Rollwiderstandsbeiwert
m_{Fz}	Fahrzeugmasse
g	Erdbeschleunigung
α	Steigungswinkel

Einen Einfluss hat hierbei neben der Fahrzeugmasse m_{Fz} die Steigung der Fahrbahn. F_R ist dabei antiproportional zum Steigungswinkel α. In c_r sind Eigenschaften von Rad und Fahrbahnbeschaffenheit enthalten. Als letzter Term der Fahrwiderstandsgleichung findet sich die Steigungswiderstandskraft, auch Hangabtriebskraft genannt [30]. Die zugehörige Formel beschreibt Gleichung Gl. 3.12.

$$F_S = m_{Fz} \cdot g \cdot \sin\alpha \qquad \text{Gl. 3.12}$$

Mit:

F_S	Steigungswiderstandskraft
m_{Fz}	Fahrzeugmasse
g	Erdbeschleunigung
α	Steigungswinkel

Abhängig vom verwendeten Fahrzeug, der Geschwindigkeit und den herrschenden Umweltbedingungen leisten die einzelnen Kraftanteile der Fahrwiderstandsgleichung einen unterschiedlich großen Betrag an dem vom Motor benötigten Antriebsmoment M_{VM} [30]. Die Geschwindigkeits-Zeit-Sollwerte für die in Abhängigkeit der Regelungsart am Prüfstand notwendigen Größen M_{VM} und n_{Rad} sind in normierter Darstellung in Abbildung 3.2 veranschaulicht. Im ersten Diagramm befindet sich das Solldrehmoment der elektrischen Eintriebsmaschine des Prüfstands. Die anschließenden zwei Diagramme bilden die Solldrehzahlen der Radmaschinen ab, wobei hier alle Größen jeweils auf Maschinenebene dargestellt sind. Aufgrund dessen ist die Drehrichtung von n_{RM3} positiv und n_{RM4} negativ. Betrachtet man die Drehzahlen bezogen auf die Fahrzeugebene, sind die Drehrichtungen beider Maschinen in Fahrtrichtung positiv.

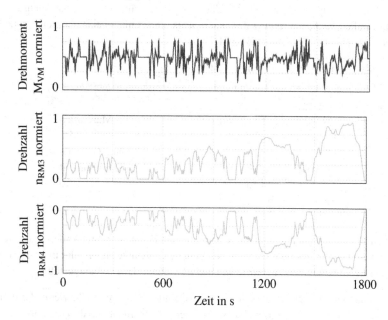

Abbildung 3.2: Forschungsdatensatz - Sollwertvorgaben der drei Prüfstandsmaschinen

Der gesamte Forschungsdatensatz besteht grundsätzlich aus zwei Arten von Messzyklen. Zum einen werden 150 fehlerfreie und komplett durchlaufene Zyklen mit einer Gesamtdauer von 1800 s aufgezeichnet. Sie dienen in der späteren Anwendung als Trainingsdaten für die entwickelten KI-Modelle und werden nachfolgend als Normal-Zyklen bezeichnet. Zum anderen befinden sich 45 Zyklen mit synthetisch generierten Fehlern im Datensatz, welche im Weiteren als Fehler-Zyklen benannt werden. Somit umfasst der gesamte Forschungsdatensatz insgesamt 195 Messzyklen. Eine entsprechende Übersicht ist im Anhang in A.1 und A.2 dargestellt. Charakteristisch ist hierbei, dass der Zyklus zunächst nach bekannten Sollwertvorgaben beginnt und an einer der drei eingesetzten Prüfstandsmaschinen zu einem definierten Zeitpunkt des Zyklus ein synthetisch generierten Fehler eingebracht wird. Nach Auftreten des künstlich erzeugten Fehlers einer Maschine wird die Messung wenige Sekunden später beendet und der Prüfstand angehalten. Das bedeutet, dass die Gesamtdauer der Zyklen mit synthetisch generierten Fehlern stets kleiner als 1800 s ist. In Tabelle 3.2 ist eine Übersicht des gesamten Forschungsdatensatzes dargestellt. Die Aufzeichnung des Datensatzes erfolgt mit zwei Radmaschinen und der Eintriebsmaschine des ASP am IFS.

Tabelle 3.2: Übersicht: Forschungsdatensatz

Beschreibung	Anzahl/Dauer
Prüfstandskonfiguration	3-Maschinen
Regelungsart	M/n
DUT	2-Gang Getriebe
Diagnosegröße/Maschine	Drehmoment
Normal-Zyklen Anzahl	150
Fehler-Zyklen Anzahl	45

Um Fehler im Prüflauf zu simulieren, werden durch gezielte Änderungen der Sollwertvorgaben an unterschiedlichen Zeitpunkten im Zyklus Fehler in Form von kollektiven Anomalien eingebracht. Dies ist in Abbildung 3.3 dargestellt.

Da es das Ziel dieser Arbeit ist, die verursachende Komponente (hier eine der drei verwendeten Prüfstandsmaschinen) des Fehlers zu identifizieren, darf die kollektive Anomalie pro Messung nur an einer diagnostizierenden Komponente eingebracht werden. Da eine gezielte Änderung der Sollwertvorgaben selektiv an jeder Prüfstandsmaschine bedingt durch die eingesetzte Regelungsart des Prüfstands nicht möglich ist, werden an dieser Stelle die Sollmomentvorgabe der Eintriebsmaschine oder die Solldrehzahlen beider Radmaschinen verändert. Bei der späteren Evaluation der Fehlerdetektionsrate in Kapitel 5 kann die Unterscheidung der Fehlerursache deshalb anstelle von drei nur in zwei Komponenten stattfinden. Hierbei wird unterschieden, ob die Eintriebsmaschine oder eine der beiden Radmaschinen mutmaßlich Verursacher des Fehlers ist.

Die synthetisch generierten Fehler im Forschungsdatensatz decken ein breites Spektrum an möglichen Fehlern am ASP ab. Bei der Planung wird berücksichtigt, dass Fehlerarten mehrfach, zu unterschiedlichen Zeitpunkten und Ausprägungen eingebracht werden.

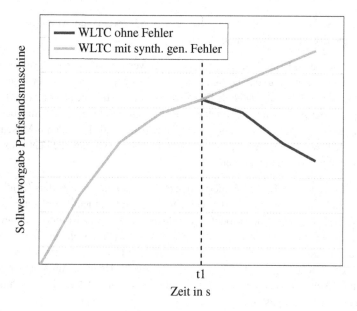

Abbildung 3.3: Schematische Darstellung - Ausschnitt eines Zyklus mit synthetisch generiertem Fehler

Aufgrund der Einschränkung, dass bei der verwendeten M/n Regelungsart entweder die EM oder beide RM in der Sollwertvorgabe beeinflusst werden können, erfolgt hierbei die Aufteilung der Fehler zu $\frac{2}{3}$ Eintriebsmaschine und $\frac{1}{3}$ Radmaschinen. Dadurch wird die Detektion eines Fehlers explizit an einer Komponente insgesamt höher gewichtet. Bei den eingebrachten Abweichungen können grundsätzlich vier Fehlerarten unterschieden werden. Bei der ersten handelt es sich um ein Abdriften des Sollwertes parallel zum eigentlichen Sollwertverlauf. Die Schwierigkeit bei der Fehlerdetektion ist, dass die Abweichung möglicherweise im Bereich der Streuung der Normal-Zyklus-Messungen liegt und somit die Detektion des Fehlers erschwert. Die zweite Fehlerart wird dadurch charakterisiert, dass der Sollwert mit einem steilen Gradienten verlassen wird. Dieses Fehlerbild tritt häufig bei Drehzahl- oder Drehmoment-Fehlern am Prüfstand auf. Zu der dritten Kategorie zählen schwingende Sollwerte im Bereich des Sollwertverlaufs mit variierender Amplitude. Bei den Schwingungen handelt es sich um gedämpfte Schwingungsverläufe. Sie führen erst zu einer Abschaltung des Prüfstands, wenn die Amplituden einen Schwellenwert über- oder unterschreiten.

In einer weiteren Fehlerkategorie wird der Sollwertverlauf kurzzeitig für mehrere Messwerte verlassen und nähert sich anschließend wieder dem Sollwertverlauf an. Insgesamt ergibt sich hierbei eine Fehleranzahl von 45. Infolge einer mechanischen Kopplung der zur Diagnose betrachteten Prüfstandsmaschinen findet ein Übersprechen der Abweichung in einem kurzen Zeitabstand auf die anderen Maschinen statt. Die hier entwickelte Methodik muss also in der Lage sein, die Fehlzeitpunkte möglichst präzise zu detektieren.

Um im späteren Verlauf die fehlerverursachende Komponente mittels KI identifizieren zu können, müssen hierfür geeignete Messgrößen identifiziert werden. Um dabei die Komplexität des Modells zu reduzieren, wird pro Komponente jeweils nur eine Messgröße zur Auswertung herangezogen. Da es sich bei allen diagnostizierenden Komponenten um elektrische Prüfstandsmaschinen handelt, wird für jede Komponente die gleiche Messgröße ausgewertet. Um eine Auswahl der geeigneten Größen treffen zu können ist in Abbildung 3.4 eine elektrische Maschine als Energiewandler dargestellt.

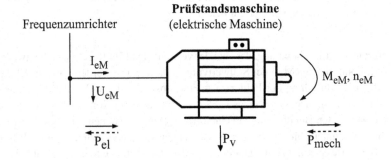

Abbildung 3.4: Elektrische Maschine als Energiewandler. Nach [36]

Eine elektrische Maschine wird als bidirektionaler Energiewandler zwischen elektrischer und mechanischer Leistung eingesetzt. Die Leistungen im stationären Betriebszustand errechnen sich hierbei wie folgt:

$$P_{el} = U_{eM} \cdot I_{eM}$$

$$\text{Gl. 3.13}$$

Mit:

P_{el} Elektrische Leistung
U_{eM} Spannung der elektrischen Maschine
I_{eM} Strom der elektrischen Maschine

Die mechanische Leistung errechnet sich dabei mit:

$$P_{mech} = 2 \cdot \pi \cdot n_{eM} \cdot M_{eM}$$ Gl. 3.14

Mit:

P_{mech} Mechanische Leistung
n_{eM} Drehzahl der elektrischen Maschine
M_{eM} Drehmoment der elektrischen Maschine

Grundsätzlich eignen sich als zu diagnostizierende Messgröße sowohl die elektrischen (U_{eM} und I_{eM}) als auch die mechanischen Größen (M_{eM} und n_{eM}). Jedoch liegen nicht alle hier dargestellten Messgrößen standardmäßig am Automatisierungssystems des Prüfstands vor und müssten bei Verwendung durch externe Messtechnik aufgezeichnet und an das Automatisierungssystem übertragen werden. Dies bringt neben des zusätzlichen Installations- und Inbetriebnahmeaufwandes der Messtechnik weitere Nachteile mit sich. Ein Beispiel ist der zeitliche Versatz zwischen den verwendeten Messsystemen, der unbedingt zu vermeiden ist. Andernfalls kann unter Umständen bei dynamischen Vorgängen die verursachende Komponente nicht zweifelsfrei ermittelt werden, was die Detektionsrate der hier vorgestellten Methode (merklich) verringert. Zudem ist es eine der elementaren Anforderungen an die Aufgabenstellung, keine zusätzliche Messtechnik zur Lösung der Fragestellung einzusetzen. Aus diesem Grund eignen sich die elektrischen Größen aus Gl. 3.13 bei dem eingesetzten Prüfstand nicht als zu diagnostizierende Größe. Sie liegen im Gegensatz zu den mechanischen Messgrößen aus Gl. 3.14 nicht direkt im AuSy vor.

Die beiden Größen M_{eM} und n_{eM} aus Gl. 3.14 werden als Regelgrößen des Prüfstands und der Umrichter verwendet und weisen somit eine hohe Auflösung auf.

Um aus den multivariaten Daten eine Messgröße als zu diagnostizierende Größe zur späteren Diagnose der Fehlerursachen an den Prüfstandsmaschinen auswählen zu können, bedarf es zunächst der Betrachtung von Drehmoment- und Drehzahlregelung einer elektrischen Maschine.

Der Regelkreis ist in Form einer Kaskadenregelung aufgebaut, wobei der innere Regelkreis eine höhere Dynamik aufweist als die mittleren und äußeren Kreise. Die Regelung elektrischer Maschinen ist so aufgebaut, dass sich im Inneren ein Stromregler befindet, welcher von einem Drehzahlregler umgeben ist. Daraufhin folgt ein Lageregler, bei dem die Regelgröße als Führungsgröße des Drehzahlreglers dient. Da der Strom proportional zum Drehmoment der Maschine ist, kann der Stromregler auch als Momentenregler bezeichnet werden. Das Stellmoment der Maschine bildet somit die Regelgröße mit der höchsten Dynamik. Aufgrund dessen wird als diagnostizierende Größe das Drehmoment in Form des Luftspaltmoments $M_{Luftspalt}$ jeder Prüfstandsmaschine für die weitere Betrachtung verwendet. Die Zeitreihendaten stehen im AuSy als diskrete Messdaten zur Verfügung.

3.2 Anforderungen an die Signaleigenschaften

Das Ergebnis der Auswertung von Datensätzen mittels KI hängt maßgeblich von der Qualität und Beschaffenheit der bereitgestellten Daten (Features) ab. In welcher Form die Daten vorliegen müssen, ist individuell und abhängig von der jeweiligen Fragestellung. Aus diesem Grund existieren auch keine allgemeingültigen Metriken, wie Zeitreihendaten bei konkreten Aufgabenstellungen zur Analyse durch ein KI-Modell beschaffen sein müssen [47]. Zunächst werden die notwendigen Eigenschaften der Signale zur Erfüllung der Ziele im Rahmen dieser Arbeit dargestellt. Anschließend werden Methoden vorgestellt, wie und in welcher Reihenfolge die vorliegenden Daten in den für diese Aufgabenstellung notwendige Form überführt werden können. Da sich jede Änderung der Signaleigenschaften auf das Ergebnis des späteren Modells auswirkt, ist eine iterative Vorgehensweise zur Ermittlung der optimalen Signalaufbereitungsmethoden notwendig. Bei den hier vorgestellten Methoden handelt es sich bereits um die Ergebnisse der letzten Iterationsstufe. Bezogen auf die Anforderungen werden hierbei die besten Resultate erzielt.

Zunächst werden hierzu mögliche Fehlerarten bei der Erfassung von Messdaten betrachtet. Grundsätzlich wird hierbei in systematische und zufällige Messfehler unterschieden. Um einen systematischen Fehler handelt es sich, wenn Abweichungen reproduzierbar innerhalb verschiedener Messungen auftreten. Beispielhaft in Bezug zu dieser Arbeit könnte dies ein nicht ausreichend kalibrierter Sensor zur Erfassung eines Signals am Prüfstand sein, welcher einen kontinuierlichen Signal-Offset aufweist. Unter zufälligen Fehlern hingegen werden nicht reproduzierbare Abweichungen verstanden. Liefert am Beispiel des Prüfstands ein Sensor bei gleichen physikalischen Werten unterschiedliche Ergebnisse, handelt es sich um einen zufälligen Fehler. Dieser kann aber durch vertiefte Systemkenntnisse häufig in einen systematischen Fehler überführt werden, wenn zum Beispiel eine Abhängigkeit des Sensorwertes von den herrschenden Umweltbedienungen festgestellt wird und die Werte dadurch reproduzierbare Ergebnisse liefern. [57, 104]

Da systematische Fehler reproduzierbar in jeder Messung und somit in jedem Zyklus auftreten, besitzen sie in der Regel keinen Einfluss auf die hier vorgestellten Methoden. Ausnahmen bilden hierbei erhebliche Signalabweichungen, die nahe an den Erfassungsbereich des jeweiligen Sensors reichen. Beeinflussungen durch wechselnde Umweltbedingungen können an dem verwendeten Prüfstand vernachlässigt werden, da aufgrund eingesetzter Peripheriegeräte konstante Temperatur und Luftfeuchtigkeitsbedingungen hergestellt werden können. Das Auftreten von zufälligen Fehlern in Messsignalen des Prüfstands ist hingegen kritischer anzusehen. Handelt es sich bei dem korrumpierten Signal um eine Stell- oder Regelgröße des Prüfstands in signifikantem Ausmaß, schaltet das Automatisierungssystem den Prüfstand mit sofortiger Wirkung ab. Beispielsweise ist dies der Fall, wenn die Drehzahl einer Radmaschine für einen Abtastschritt ausbleibt. Wirkt sich der Fehler nur in geringfügigem Maße aus, wird er unter Umständen nicht detektiert. Die dadurch entstehenden Folgen sind abhängig von der Häufigkeit, Ausprägung und Art des Signals sowie der durchgeführten Untersuchung am Prüfstand. Handelt es sich bei dem korrumpierten Messsignal um eine reine Messgröße ohne eigenständige Überwachung am Prüfstand, bleibt der Fehler womöglich unentdeckt. Vorliegend wird keine Überwachung zur Detektion von systematischen- und zufälligen Fehlern verwendet. Grund hierfür ist, dass das verwendete Luftspaltmoment $M_{Luftspalt}$ der Maschinen eine Regelgröße des Automatisierungssystems darstellt und deshalb vom Prüfstand überwacht und plausibilisiert wird.

Bei den Merkmalsvektoren müssen zur Verwendung durch eine KI gewisse Eigenschaften erfüllt sein. Unter anderem ist es erforderlich, dass sie einen stetigen Verlauf aufweisen und keine Lücken in den Zeitreihendaten enthalten sind. Folglich gilt dies ebenfalls für die hier verwendeten ML-Algorithmen [47]. Entstehen während der Aufzeichnung Lücken in den Daten, müssen diese durch Imputationsverfahren behandelt werden [39, 47]. Bei den in der vorliegenden Arbeit verwendeten Features sind aufgrund der Überwachung durch das Automatisierungssystem keine Imputationsverfahren notwendig. Werden in zukünftigen Arbeiten weitere Signale des Prüfstands zur Diagnose verwendet, müssen sie hinsichtlich Signalausfälle überwacht und Imputationsverfahren eingesetzt werden. Im Hinblick darauf skizziert Abbildung 3.5 eine Übersicht über Imputationsmethoden, welche sich an [5] orientiert.

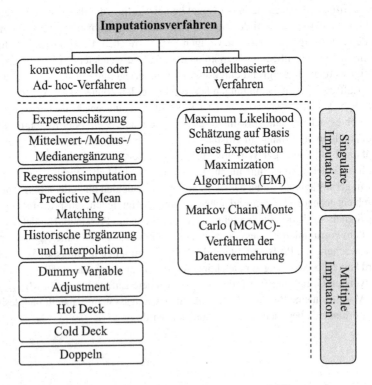

Abbildung 3.5: Übersicht über Imputationsverfahren, nach [5]

Bei den dargestellten Verfahren eignen sich nicht alle Methoden für eine prinzipielle Verwendung im Rahmen dieser Arbeit. Einer der Gründe ist, dass die Imputation automatisiert und ohne personellen Einsatz direkt bei Erhebung der Daten durchgeführt werden muss. Dies kann unter Umständen nicht bei allen Methoden realisiert werden. Grundsätzlich wird zwischen singulärer und multipler Imputation unterschieden. Zudem werden sie in konventionelle und modellbasierte Imputationsverfahren eingeteilt. Für ausführliche Erläuterungen der dargestellten Methoden wird auf [5] und in Bezug zur Auswertung mit einem ML-Algorithmus auf [47] verwiesen.

Abhängig von der Dynamik des betrachteten Messsignals muss eine geeignete Abtastrate bestimmt werden. Wird eine zu niedrige Abtastrate gewählt, können unter Umständen dynamische Ereignisse einer Komponente bei der Diagnose von Fehlerursachen nicht erkannt werden. Daraus resultiert eine verminderte Detektionsrate, wodurch die Performance negativ beeinflusst wird. Eine zu hohe Abtastrate führt hingegen zu erhöhten Trainings- und Auswertezeiten des ML-Algorithmus, was die Produktivität negativ beeinflusst.

Tabelle 3.3: Übersicht: Abtastrate und die zugehörige Auflösung von Zeitreihendaten

Abtastrate f_S in Hz	Auflösung T_{max} in s
1	2
10	0.2
100	0.02
1000	0.002
4000	0.0005

Da es sich beim Automatisierungssystem des Prüfstands um ein deterministisches System handelt, wird die Abtastrate als zeitlich konstant angenommen. Die Aufzeichnung der Messdaten erfolgt dabei in unterschiedlichen Frequenzgruppen, die in Tabelle 3.3 abgebildet sind. Zur Bestimmung der optimalen Abtastrate wird zunächst festgelegt, in welcher Auflösung zukünftig auftretende Ereignisse messtechnisch sicher erfasst werden müssen um sie später durch das ML-Modell auszuwerten. Hierfür wird das Shannon-Nyquist-Abtasttheorem angewendet. Dieses beinhaltet, dass ein Signal durch eine Diskretisierung vollständig rekonstruierbar ist, wenn die Abtastrate mindestens doppelt so groß gewählt wird, wie die höchsten

Frequenzanteile der Daten [57, 77]. Die Formel zu Berechnung ist in Gl. 3.15 abgebildet.

$$f_S > 2 \cdot f_{max}$$ Gl. 3.15

Mit:

f_S Abtastrate
f_{max} Maximale Frequenz
T_{max} Maximale Auflösung

und

$$T_{max} = \frac{1}{f_{max}}$$ Gl. 3.16

Somit kann die maximale Auflösung nach Shannon-Nyquist anhand folgender Gleichung bestimmt werden:

$$T_{max} < \frac{2}{f_S}$$ Gl. 3.17

Mit:

T_{max} Maximale Auflösung
f_S Abtastrate

Die maximalen Signalauflösungen der am Prüfstand verfügbaren Abtastraten finden sich als Übersicht in Tabelle 3.3. Beispielsweise können bei Verwendung der Frequenzgruppe von 100 Hz Ereignisse mit einer Auflösung von 0.02 s zuverlässig erfasst werden.

Ein weiteres wichtiges Kriterium bei der Datenvorverarbeitung ist, dass alle zur Diagnose herangezogenen Messsignale zeitlich synchron sind. Besonders wenn Daten von externen Peripheriegeräten zur Diagnose verwendet werden sollen, besteht die Möglichkeit von geringfügigen zeitlichen Abweichungen zwischen den zu diagnostizierenden Komponenten. Die Ursache liegt darin, dass nicht alle Messgrößen zentral durch das AuSy erfasst werden. Insbesondere bei der Verwendung von externen Peripheriegeräten findet die Messwerterfassung auf dem jeweiligen System statt. Diese Signale werden anschließend nachgelagert an das AuSy zur Fehlerdiagnose übertragen, was zu einem zeitlichen Versatz zu anderen Systemen führen kann. Dieser Sachverhalt ergibt sich am ASP beispielsweise durch die Einbringung eines VES. Die Erfassung der hier relevanten Luftspaltmomente $M_{Luftspalt}$ jeder Prüfstandsmaschine erfolgt zentral durch das AuSy. Es kann somit von einer synchronen Datenerfassung ausgegangen werden. Weiterer Synchronisationsbedarf kann sich dadurch ergeben, dass mehrere Normal-Zyklus-Messungen zum Training des KI-Modells herangezogen werden. Um eine hinreichende Modellgüte während des Trainingsvorgangs zu erreichen, muss die zeitliche Streuung der Messdaten aus den einzelnen Zyklen möglichst gering sein. Da die Synchronizität der Zeitreihendaten einen signifikanten Einfluss auf die Fehlerdetektionsrate besitzt, muss dies vor dem Training der Modelle sichergestellt werden. Des Weiteren müssen, damit der ML-Algorithmus die Features verarbeiten kann, die Signale durch eine Datenvorverarbeitung in ein geeignetes Format überführt werden.

3.3 Signalaufbereitung

Nachfolgend sind die Methoden zur Filterung und Normierung der Zeitreihendaten aus dem Forschungsdatensatz dargestellt. Zunächst werden die Messsignale von womöglich überlagerten Störungen getrennt (gefiltert). Anschließend erfolgt die Normierung der Daten, so dass sie durch die ML-Modelle verarbeitet werden können.

3.3.1 Filterung

Um unerwünschte Anteile eines Signals anhand ihrer spektralen Zusammensetzung zu entfernen, werden Signalfilter eingesetzt. Diese sind über die Eigenschaften des Amplituden- und Phasengangs definiert. Der Amplitudengang beschreibt das frequenzabhängige Verhältnis der Amplitude zwischen Ein- und Ausgangssignal des Filters und wird als Verstärkungsfaktor ausgedrückt. Bei einem Faktor von ~0 handelt es sich um den Sperrbereich und bei Verstärkung ~1 um den Durchlassbereich des Filters. Im Phasengang hingegen wird die von der Frequenz abhängige zeitliche Verschiebung des Signals zwischen Ein- und Ausgangssignal des Filters definiert. Basierend auf dem Phasengang können Filter nach [90] in nullphasige, linearphasige und nichtlinearphasige Filter kategorisiert werden. Bei Nullphasen-Filtern findet keine zeitliche Verschiebung zwischen Ein- und Ausgangssignal statt. Bei Signalfiltern mit linearer Phase hingegen ist die Verschiebung über alle Frequenzanteile konstant. Bei beiden bleibt die Signalform erhalten und sie gehören zur Gruppe der Filter mit endlicher Impulsantwort (engl. *finite impulse response filter*) (FIR-Filter). Ein Filter mit nichtlinearem Phasengang hingegen verzerrt das Signal zusätzlich und gehört zur Gruppe der Filter mit unendlicher Impulsantwort (engl. *infinite impulse response filter*) (IIR-Filter) [81, 90, 131].

Bei den verwendeten Luftspaltmomenten $M_{Luftspalt}$ der Maschinen handelt es sich um diskretisierte Messsignale im Zeitbereich. Sie fungieren als diagnostizierende Größe zur Detektion von Anomalien einzelner Maschinen. Die Messsignale sind aufgrund der Signalwandlung, Quantisierung und Übertragung mit zufälligen Fehlern auf der zugrundeliegenden Information, Rauschen genannt, behaftet [106]. Um eine Anomalie sicher als solche identifizieren zu können, muss das Rauschen des Messsignals durch ein Signalfilter reduziert und die eigentlichen Informationen isoliert werden. Somit ergeben sich an den Filter folgende Anforderungen:

- Filterung im diskreten Zeitbereich
- Reduzierung des Rauschanteils
- Tiefpassverhalten
- Linearer Phasengang (idealerweise Nullphasenfilter)

Häufig werden zur Reduzierung des Rauschanteils einer Zeitreihe FIR- oder IIR-Filter mit einer linearen- bzw. nichtlinearen Phasenverschiebung in Form von gleitenden statistischen Maßen oder Tiefpassfilter verwendet. Bei diesen Filtern werden die in der Nachbarschaft des zu filternden Werts gelegenen Datenpunkte für die Berechnung des neuen Datenpunkts mit einbezogen. Typische Beispiele dieses Filtertyps sind der symmetrische oder unsymmetrische Mittelwert- und Medianfilter [104]. Diese Art von Filter eignet sich zur Rauschunterdrückung, insbesondere von schmalbandigen Signalen. Jedoch werden bei diesem Filtertyp Signalanteile höherer Frequenzen entfernt, wodurch Informationen von dynamischen Signaländerungen unter Umständen verloren gehen können. Zudem kommt es bei dieser Art von Filter immer zu einer Verschiebung der Phasenlage zwischen Ein und Ausgangssignal. Dieser Filtertyp kann die notwendigen Anforderungen an die Signalaufbereitung nicht erfüllen und ist deshalb für den hier angestrebten Anwendungsfall ungeeignet. Zur Veranschaulichung ist dieser Filtertyp zusätzlich im Ergebnisplot der Messdatenfilterung in Abbildung 3.7 dargestellt.

Ein möglicher Signalfilter, welcher die beschriebenen Anforderungen erfüllt, ist der Savitzky-Golay (SG)-Filter. Hierbei handelt es sich um ein Nullphasen-Glättungsfilter, welcher 1964 von Savitzky und Golay zur chemischen Spektralanalyse veröffentlicht wurde. Er gehört zur Gruppe der FIR-Filter und basiert auf einer polynomialen Approximation unter Zuhilfenahme des lokalen Least Squares Verfahren (LSV). Die Grundidee des Savitzky-Golay (SG)-Filters ist, dass Rauschen unter möglichst genauer Beibehaltung von Signalform und Wellenspitzen zu reduzieren, ohne die zugrundeliegende Information signifikant zu verschlechtern und dabei die Phasenlage nur so geringfügig wie möglich zu verzerren oder zu verschieben. [106, 109, 112]

Die Funktionsweise ist in Abbildung 3.6 auf Grundlage einer beispielhaften Sequenz diskreter Daten dargestellt. Auf der Ordinate befinden sich die diskreten Messdatenpunkte des Rohsignals $x(n)$ in Abhängigkeit des jeweiligen Sample n auf der Abszisse. Die zeitdiskreten Rohwerte des Messsignals sind als ausgefüllte Datenpunkte dargestellt. Zunächst müssen für den SG-Filter die entsprechend notwendigen Parameter definiert werden. Hierzu gehören die Größe des Annäherungsintervalls und der Grad des Polynoms zur Approximation unter Zuhilfenahme des lokalen LSV. Die Breite des Abtastintervalls im SG-Filter ist definiert als symmetrisches Intervall um die Mitte mit der standardisierten Gleichung $2S+1$. Die Variable S stellt hierbei die Breite des Intervalls in Abhängigkeit diskreter Abtastschritte dar. Der lokal zu schätzende Wert befindet sich hierbei stets in der Mitte des Intervalls.

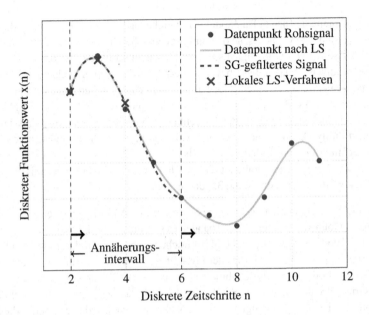

Abbildung 3.6: Funktionsweise eines Savitzky-Golay-Filters nach dem lokalen
Least-Squares-Verfahren am Beispiel eines Annäherungsintervalls
von 5 und einer Approximation mithilfe eines Polynoms 3. Grades;
Nach [106, 112]

In der Abbildung beträgt die Größe des Annäherungsintervalls 5 während der Grad
des zu approximierenden Polynoms 3 beträgt. Zur Filterung des Rohsignals mithilfe
eines SG-Filters wird zunächst beispielhaft im Annäherungsintervall das LSV für
den zentralen Datenpunkt (hier n=4) durchgeführt. Hierzu findet eine Approximation der Rohwerte durch das Polynom im Intervall statt. Der neu ermittelte
Datenpunkt nach dem LSV an der Stelle n=4 wird in der Abbildung durch ein X
gekennzeichnet und gilt als neuer Wert des gefilterten Signals. Anschließend wird
das Annäherungsintervall um einen Sample n hinsichtlich der Abszisse nach rechts
verschoben und äquivalent zum beschriebenen Verfahren ein weiterer Datenpunkt
bestimmt. Dies wird durchgeführt, bis der komplette Signalvektor durchlaufen
wurde. Durch Verbinden der gefilterten Datenpunkte wird der SG-gefilterte Signalverlauf erzeugt. Im Folgenden wird das LSV mathematisch auf Grundlage
von [112] beschrieben.

Ein Polynom *k-ten Grades* kann wie in Gleichung Gl. 3.18 allgemein dargestellt werden.

$$p(n) = \sum_{k=0}^{K} a_k n^k \qquad \text{Gl. 3.18}$$

Mit:

$p(n)$ Polynom k-ten Grades
a_k Polynomkoeffizient
n^k Polynomvariable k-ten Grades

Für das LSV wird anschließend in Gl. 3.19 die Abweichung zwischen dem angenäherten Polynom und den Rohwerten im Annäherungsintervall *2S+1* berechnet. Das Ziel hierbei ist eine möglichst geringe Abweichung. Sie wird durch die Berechnung des E_N dargestellt.

$$E_N = \sum_{n=-S}^{S} (p(n) - x(n))^2$$
$$= \sum_{n=-S}^{S} \left(\sum_{k=0}^{N} a_k n^k - x(n) \right)^2 \qquad \text{Gl. 3.19}$$

Mit:

E_N Mean Squared Error (aprroximiert)
n Diskrete Zeitvariable
$x(n)$ Diskretisierte reelle Funktion x
$p(n)$ Polynom k-ten Grades
a_k Polynomkoeffizient
n^k Polynomvariable k-ten Grades

Die Koeffizienten des Polynoms k-ten Grades aus Gl. 3.18 und Gl. 3.19 lassen sich hierbei wie in Gl. 3.20 durch das folgende Differential berechnen.

$$\frac{\delta E_N}{\delta a_i} = \sum_{n=-S}^{S} 2n^i \left(\sum_{k=0}^{N} a_k n^k - x(n) \right) = 0 \qquad \text{Gl. 3.20}$$

Mit:

i	0,1, ..., N
E_N	Mean Squared Error (aprroximiert)
n	Diskrete Zeitvariable
$x(n)$	Diskretisierte reelle Funktion x
$p(n)$	Polynom k-ten Grades
a_k	Polynomkoeffizient
n^k	Polynomkoeffizient

Abschließend müssen geeignete Filterparameter ermittelt werden. Die in Tabelle 3.3 dargestellten Parameter resultieren aus einer iterativen Vorgehensweise und er- füllen die Anforderungen hinsichtlich der Rauschunterdrückung unter gleichzeitiger Beibehaltung höherfrequenter Informationen.

Tabelle 3.4: Parameter des verwendeten SG-Filters

Beschreibung	Parameter
Annäherungsintervall (2S+1)	201
Grad des approx. Polynoms	32

Allerdings existieren in der Literatur auch kritische Meinungen zum Einsatz des SG-Filters als Glättungsfilter, wie beispielsweise in [109] dargestellt wird. Hier- nach können hochfrequente Störungen nicht effizient innerhalb des Sperrbereichs unterdrückt werden. Zusätzlich stellen die Autoren Möglichkeiten zur Modifikation des Filters mithilfe von Anpassungsgewichten vor.

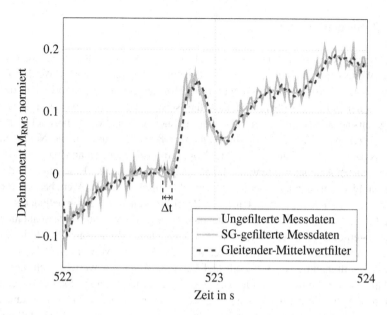

Abbildung 3.7: Messdatenfilterung: Drehmoment-Rohdaten im Vergleich zu gefilterten Daten mit Savitzky-Golay-Glättungsfilter und gleitendem Mittelwertfilter

Im Zuge dieser Arbeit wird der SG-Filter ohne Anpassungen verwendet. Der Grund hierfür ist, dass durch weitere Modifikationen des Filters keine Performance- oder Effektivitätssteigerungen bei der Erkennung von Fehlerursachen erzielt werden können. Das Ergebnis der Filterung ist am Beispiel eines Ausschnittes des Forschungsdatensatzes in Abbildung 3.7 dargestellt. Dort sind zunächst die ungefilterten Rohdaten abgebildet. Zusätzlich sind die Verläufe der Signale mithilfe eines gleitenden Mittelwertfilters sowie eines SG-Filters dargestellt. Der SG-Filter weist einen Verlauf mit deutlich reduziertem Rauschanteil bei gleichzeitiger Einhaltung des Phasenverlaufs auf. Im Gegensatz hierzu ist bei dem Mittelwertfilter ein sichtbaren Phasenverzug Δt erkennbar.

3.3.2 Normalisierung

Der Begriff Normierung oder auch Normalisierung bedeutet im Bereich der Statistik eine Werteskalierung, bei gleichzeitiger Erhaltung von Wertabständen. Werden die Daten ohne vorherige Anpassungen durch Skalierung an die Algorithmen des maschinellen Lernens übergeben, kann dies sowohl die Performance als auch das Ergebnis negativ beeinflussen. So kann es bei hohen Signalwerten beispielsweise zu Verzerrungen kommen, da diese einen größeren Einfluss auf die Neuronen des Netzes besitzen. Die Auswahl der Normierungsmethode ist abhängig von der verwendeten Aktivierungsfunktion des ML-Algorithmus und der Beschaffenheit der Daten. Eine Normierung findet im ML-Umfeld typischerweise im Wertebereich von [0, ..., 1] oder [-1, ..., 1] statt. Unter der Begrifflichkeit Normierung befinden sich die Methoden Normalisierung und Standardisierung. Beide führen eine Skalierung der Daten durch und verwenden hierbei unterschiedliche Ansätze. Im Rahmen dieser Arbeit wird zur Normierung die min/max-Methode verwendet. Dabei wird unter Zuhilfenahme von Minimal- und Maximalwerten der Wertebereich hierzu relativ skaliert. In der Literatur existieren weitere Methoden zur Skalierung von Wertebereichen unter Einbeziehung statistischer Kenngrößen. Sie finden im Rahmen dieser Arbeit aber keine Anwendung, da sie bei der vorliegenden Fragestellung keine Vorteile im Vergleich zur eingesetzten min/max-Skalierung erzielen.

Die Verwendung von Normalisierungsmethoden bringt weitere Vorteile mit sich. So wird beispielsweise gewährleistet, dass die Wertebereiche der Features sicher eingehalten werden [39, 78]. Diese sind unter anderem abhängig von der verwendeten Aktivierungsfunktion und Netzwerk-Architektur.

In Gl. 3.21 ist die Normierung auf [0...1] und in Gl. 3.22 auf [-1...1] mithilfe der Normalisierung dargestellt.

$$x_{norm} = \frac{x - x_{min}}{x_{max} - x_{min}} \qquad \text{Gl. 3.21}$$

$$x_{norm} = \frac{x - x_{min}}{x_{max} - x_{min}} \cdot 2 - 1 \qquad \text{Gl. 3.22}$$

Mit:

x Datenwert

x_{norm} Normierter Datenpunkt

x_{min} Minimalwert

x_{max} Maximalwert

Bei der Standardisierung hingegen werden die Daten so transformiert, dass der arithmetische Mittelwert null und die Varianz den Wert eins annimmt. Die Formel ist in Gl. 3.23 dargestellt.

$$x_{stand} = \frac{x - \overline{x}}{\sigma} \qquad \text{Gl. 3.23}$$

x_{stand} Standardisierter Datenpunkt

x Datenwert

$\overline{x}$ Arithmetischer Mittelwert

σ Standardabweichung

Die Berechnung der Standardabweichung ist hierbei in Gl. 3.24 dargestellt [60].

$$\sigma = \sqrt{Varianz} = \sqrt{\frac{1}{N-1} \sum_{i=1}^{n} (x - \overline{x})^2} \qquad \text{Gl. 3.24}$$

σ Standardabweichung

N Gesamtanzahl der Stichprobenelemente

x Datenwert

$\overline{x}$ Arithmetischer Mittelwert

Nach der Übersicht über eingesetzte Normalisierungsmethoden im ML-Umfeld wird auf Basis der Daten aus dem Forschungsdatensatz eine geeignete Methode evaluiert. Die Messdaten weisen keine Binomialverteilung auf, deshalb ist die Standardisierung hier nicht ideal. Eine Binomialverteilung der Daten tritt beispielsweise bei einem Datensatz zur Überwachung von Stichproben auf. Der Erwartungswert liegt hierbei in einer Normalverteilung vor. Die Auswahl der Normalisierungsmethode ist nicht alleine von der Aktivierungsfunktion, sondern darüber hinaus auch von weiteren Faktoren, wie beispielsweise den verwendeten Softwarebibliotheken, abhängig. Die Auswahl der Aktivierungsfunktion und der damit verbundenen Normalisierung kann erst in Kapitel 4.3 erfolgen.

3.4 Datensynchronisation

Nachfolgend werden die Anforderungen an das zeitliche Verhalten der Messdaten definiert. Hierzu erfolgt zunächst die Unterscheidung, welche Arten von zeitlichen Offsets derselben Signale zwischen den Normal-Zyklus Messungen entstehen können. Anschließend sind mögliche Maßnahmen zur Kompensation der eventuell auftretenden zeitlichen Verschiebungen dargestellt.

3.4.1 Statischer und dynamischer zeitlicher Offset

Das KI-Modell wird trainiert, indem es lernt, die Signalverläufe $M_{Luftspalt}$ der jeweiligen Maschine pro gemessenem Zyklus vorauszusagen. Tritt hierbei ein zeitlicher Offset der Signalverläufe zwischen den Zyklen auf, bringt dies eine Unschärfe des späteren Modells mit sich. Um dies zu verhindern, werden die Verläufe aller Zyklen eines Features vor dem Training des Modells zeitlich synchronisiert. Basierend auf dem Forschungsdatensatz können hierbei zwei Arten eines zeitlichen Offsets, die zwischen einzelnen Zyklen auftreten können, unterschieden werden. Eine schematische Darstellung ist in Abbildung 3.8 dargestellt.

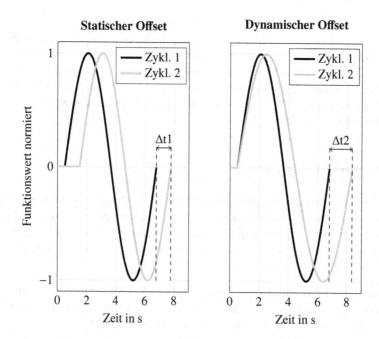

Abbildung 3.8: Datensynchronisation: Zeitlich auftretende Offset-Varianten des
Forschungsdatensatzes. Links dargestellt ein statischer und rechts
ein dynamischer zeitlicher Offset zwischen zwei Zyklen

Als statischer Offset wird in diesem Kontext eine über die gesamte Messdatendauer
konstante zeitliche Verschiebung Δt verstanden. Im Gegensatz hierzu handelt es
sich bei einem dynamischen Offset Δt um eine sich innerhalb der Messung variablen
zeitlichen Verschiebung. Häufig treten auch Kombinationen von statischen und
dynamischen Abweichungen in den Messdaten auf.

Die Ursachen liegen dabei in der Beschaffenheit und Komplexität des Prüfstands.
Das Automatisierungssystem des ASP weist eine Vielzahl an Schnittstellen zu
Prüfstands-, Peripherie-, und Prüflingskomponenten auf. Diese können nichtdeter-
ministische Protokolle und Komponenten enthalten. Wird ein neuer Zyklus gestartet,
wird eine Ablauftabelle im Automatisierungssystem abgearbeitet, in welcher Frei-
gaben, Aktionen und Bedingungen geprüft, sowie gesetzt werden. Die Zeitdauer der
einzelnen Schritte kann hierbei geringfügig bei jedem Zyklus variieren. Aufgrund

dessen können statische Offsets zwischen einzelnen Messungen entstehen. Bei dynamischen Zeitverzögerungen handelt es sich oft um Änderungen von Prüflings-parametern. Diese entstehen vor allem durch Verschleiß über die Erprobungslaufzeit. Beispielsweise kann sich die Charakteristik der Kupplung und somit das Ansprech-verhalten ändern oder die Leistung eines eingesetzten Verbrennungsmotors variiert über die Laufzeit. Im Weiteren werden hierzu Verfahren zur Kompensation eines zeitlichen Offsets vorgestellt.

3.4.2 Kreuzkorrelation

Eine in der Literatur häufig anzutreffende Methode zur Synchronisation von Zeitrei-hen ist die Kreuzkorrelationsfunktion. Sie wird in den verschiedensten Disziplinen zur Synchronisierung von aufgezeichneten Datensätzen verwendet [71, 89]. Es fanden bereits erste Untersuchungen zum Einsatz der Kreuzkorrelationsfunktion an Teilen des Forschungsdatensatzes statt [22, 72].

Eine allgemeine Darstellung der Kreuzkorrelationsfunktion von zwei zeitkontinuier-lichen Signalen $x(t)$ und $y(t)$ ist in Gl. 3.25 dargestellt. Die nachfolgende Herleitung und Berechnung zur Kreuzkorrelation erfolgt hierbei nach [28].

$$R_{xy}(\tau) = \int_{-\infty}^{\infty} x^*(t)y(t+\tau)d\tau \qquad \text{Gl. 3.25}$$

Mit:

R_{xy}	Kreuzkorrelationsfunktion
τ	Zeitkontinuierliche Zeitverschiebung (lag) $\tau = t_2 - t_1$
$x(t)$	Zeitkontinuierliche reelle Funktion x
$y(t)$	Zeitkontinuierliche reelle Funktion y

Da es sich bei den verwendeten Features nicht um zeitkontinuierliche, sondern zeitdiskrete Daten handelt, ist in Gl. 3.26 die allgemeine Gleichung der diskreten Kreuzkorrelationsfunktion dargestellt.

$$R_{xy}(k) = \lim_{N \to \infty} \frac{1}{2N+1} \sum_{n=-N}^{n=N} x_{n+k} y_n \qquad \text{Gl. 3.26}$$

Mit:

R_{xy}	Kreuzkorrelationsfunktion
k	Diskrete Zeitverschiebung
N	Gesamtanzahl der Stichprobenelemente
n	Diskrete Zeitvariable
$x(n)$	Diskretisierte reelle Funktion x
$y(n)$	Diskretisierte reelle Funktion y

Die Größe k definiert hierbei die diskrete Verschiebung zwischen $x(n)$ und $y(n)$ und wird auch als *lag* bezeichnet. Bei den eingesetzten Messdaten handelt es sich um einen Datensatz mit einer endlichen Länge $(x_n, y_n; n = 0, \ldots, N-1)$. Bei Daten von $n < 0$ und $n > N-1$ wird von einem Wert null ausgegangen [28]. In folgender Gl. 3.27 ist die Formel zur Berechnung der Kreuzkorrelation angegeben.

$$R_{xy}(-k) = \frac{1}{N} \sum_{n=0}^{N-1-k} x_n y_{n+k}, (k = N-1, \ldots, 1)$$

$$\text{Gl. 3.27}$$

$$R_{xy}(k) = \frac{1}{N} \sum_{n=0}^{N-1-k} x_{n+k} y_n, (k = 0, \ldots, N-1)$$

Mit:

R_{xy}	Kreuzkorrelationsfunktion
k	Diskrete Zeitverschiebung
N	Gesamtanzahl der Stichprobenelemente
n	Diskrete Zeitvariable
$x(n)$	Diskretisierte reelle Funktion x
$y(n)$	Diskretisierte reelle Funktion y

Für die Werte von $k < 0$ wird die Funktion $y(n)$ gegenüber $x(n)$ um k diskrete Werte nach links und für $k > 0$ nach rechts verschoben. Die entsprechenden Wertepaare von $x(n)$ und $y(n)$ werden zunächst multipliziert und aufsummiert. Die Funktionsweise ist in Gl. 3.28 abgebildet [28].

$$\hat{R}_{xy}(-N+1) = x_0 y_{N-1}$$
$$\vdots$$
$$\hat{R}_{xy}(-1) = x_0 y_1 + x_1 y_2 + \ldots + x_{N-2} y_{N-1}$$
$$\hat{R}_{xy}(0) = x_0 y_0 + x_1 y_1 + \ldots + x_{N-1} y_{N-1}$$
$$\hat{R}_{xy}(1) = x_1 y_0 + x_2 y_1 + \ldots + x_{N-1} y_{N-2}$$
$$\hat{R}_{xy}(2) = x_2 y_0 + x_3 y_1 + \ldots + x_{N-1} y_{N-3}$$
$$\vdots$$
$$\hat{R}_{xy}(N-1) = x_{N-1} y_0$$

Gl. 3.28

Das Ergebnis der Kreuzkorrelationsfunktion ist ein Vektor mit den Korrelationswerten in Abhängigkeit von k. Hierzu ist in Tabelle 3.5 eine Übersicht zu den wichtigsten Korrelationswerten dargestellt.

Tabelle 3.5: Interpretation der Ergebnisse der Kreuzkorrelationsfunktion

Kreuzkorrelationsfunktion	Interpretation
$k > 0$	positiv korreliert
$k < 0$	negativ korreliert
$k = 1$	perfekte pos. Korrelation
$k = -1$	perfekte neg. Korrelation
$k = 0$	keine Korrelation

Dabei bedeutet $k = -1$, dass $x(n) = -y(n)$ ist. Das Ergebnis der Kreuzkorrelationsfunktion stellt ein Vektor dar, der ein lokales Maximum bei der jeweiligen diskreten Zeitverschiebung mit der höchsten Korrelation aufweist. Mithilfe der Samplerate kann nun die zeitliche Differenz zwischen den Signalen errechnet und korreliert werden. Zur Beseitigung der Zeitverschiebung wird das zeitlich frühere Signal in Abhängigkeit der errechneten Verschiebung mit einer entsprechenden Anzahl an Nullwerten am Anfang ergänzt. Zur Plausibilisierung kann anschließend noch einmal eine Kreuzkorrelation berechnet werden, bei der das Maximum nahe dem Wert null liegen muss.

In der weiteren Anwendung wird die Kreuzkorrelationsmethode zur Synchronisierung eingesetzt, indem zunächst der Nulldurchgang des Luftspaltmoments identifiziert und der restliche zeitliche Verlauf der Messung temporär verworfen wird. Anschließend findet auf Basis der dargestellten Kreuzkorrelation die Kalkulation der zeitlichen Verschiebung jeder Messung statt, um die sie anschließend korrigiert wird. Sobald eine Fehler-Zyklus-Messung kürzer als der benötigte Nulldurchgang des zu diagnostizierenden Signals ist, liefert der Algorithmus kein zufriedenstellendes Ergebnis. Um hinreichende Ergebnisse erzielen zu können werden im Idealfall geschlossene Signalverläufe benötigt. Zur Synchronisierung von kurzen Messungen wird nachfolgend eine weitere Methode vorgestellt.

3.4.3 Synchronisation über euklidische Distanz

Eine weitere Möglichkeit zur Synchronisation der Messdaten stellt die Methode zur Berechnung der euklidischen Distanz dar. Hierbei handelt es sich um ein Standardverfahren zur Bestimmung der Zeitverschiebung zwischen zwei Vektoren. Eine weitere Anwendung ist die Suche nach Mustern in Zeitreihendaten [74, 122]. Zur Bestimmung der diskreten Zeitverschiebung k zwischen zwei Vektoren $x(n)$ und $y(n)$ wird zunächst die euklidische Distanz berechnet. In einem weiteren Schritt wird einer der Vektoren gegenüber dem anderen um $k=1$ Schritte verschoben und erneut die euklidische Distanz berechnet. Das Ergebnis stellt einen Distanzvektor D_{xy} dar. Die geringste Zeitverschiebung tritt auf, sobald $[D_{xy,min}, k] = Min(D_{xy})$ gilt. Die Gleichungen zur Berechnung sind in Gl. 3.29 dargestellt.

$$D_{xy}(-k) = \sqrt{\sum_{n=0}^{N_y} (x_{n+k} - y_n)^2}, (k = 1, 2, \ldots, Diff(N_x, N_y))$$

Gl. 3.29

$$D_{xy}(k) = \sqrt{\sum_{n=0}^{N_y} (x_n - y_{n+k})^2}, (k = 0, 1, \ldots, Diff(N_x, N_y))$$

Mit:

D_{xy}	Euklidische Distanz
k	Diskrete Zeitverschiebung
$x(n)$	Diskretisierte reelle Funktion x
$y(n)$	Diskretisierte reelle Funktion y
N	Gesamtanzahl der Stichprobenelemente

Die dargestellten Gleichungen sind bereits an die Aufgabenstellung zur Bestimmung der zeitdiskreten Verschiebung in dieser Forschungsarbeit angepasst. Um die Zeitverschiebung der Messdaten sicher erkennen zu können, müssen weitere Rahmenbedingungen definiert werden. So wird eine Mindestlänge des Vektors $y(n)$ von 1500 Datenpunkten (entspricht 15 s) vorausgesetzt. Gleichzeitig wird definiert, dass $y(n) < x(n)$ gilt. Abschließend beträgt die maximale $Diff(N_x, N_y) = 300$ Datenpunkte (entspricht 3 s). Die maximal detektierbare zeitliche Verschiebung zwischen den Vektoren liegt somit bei ± 3s. Diese Methode wird zur Synchronisierung von Messungen eingesetzt, welche die minimale Messdauer unterschreiten. Diese beträgt ca. 23 s, was im verwendetem WLTC dem ersten Nulldurchgang bei den angewandten Drehmomentsignalen entspricht.

3.5 Extraktion relevanter Zeitbereiche

Eine weitere Maßnahme zur Erhöhung der Modellgüte und einer Steigerung der Effektivität während des Trainingsvorgangs der KI ist, dass nur relevante Zeitbereiche trainiert und ausgewertet werden. Hierbei findet zur finalen Verwendung als Merkmalsvektor in einem letzten Schritt eine Datenreduktion statt.

Hierzu werden zunächst die bereits in Kapitel 2.2.3 vorgestellten Merkmale von Messungen, die aufgrund einer Abschaltung am Prüfstand aufgezeichnet werden, betrachtet. Charakterisierend für eine Messung, welche aufgrund einer Grenzwert-verletzung zur Abschaltung des Prüfstands führt, ist, dass die Messung zunächst mit geringerer Streuung im Vergleich zu Messungen aus anderen Zyklen verläuft. Anschließend tritt an mindestens einer Komponente des ASP oder DUT ein Fehler-ereignis auf und es erfolgt eine Abweichung des normalen Messverlaufs bis hin zur Grenzwertverletzung einer Messgröße. Anschließend führt das Automatisierungs-system des ASP ein kontrolliertes Stillsetzen des Prüfstands durch und beendet die Messaufzeichnung.

Zur retrospektiven Bestimmung der Fehlerursache wird dabei in Abhängigkeit vom aufgetretenen Zeitpunkt des Fehlerereignisses häufig nicht die komplette Messung benötigt. Der zur Auswertung relevante Zeitbereich beginnt kurz vor dem Auftreten des Fehlerereignisses und endet mit der anschließenden Grenzwertverletzung. Die Extraktion des relevanten Zeitbereichs erfolgt in Form eines konstanten Zeitwer-tes und anschließender Plausibilisierung. Dabei werden alle für das Training des Modells genutzten Normal-Zyklus-Messungen auf ein festes Zeitintervall redu-ziert. Zusätzlich wird die auszuwertende Fehler-Zyklus-Messung ebenfalls auf den relevanten Zeitabschnitt der Features angepasst. Zur Plausibilisierung, ob das Fehlerereignis im extrahierten Zeitbereich enthalten ist, wird zunächst die Streuung der Daten mithilfe der Standardabweichung für die ersten 100 Datenpunkte des Datensatzes berechnet. Dabei handelt es sich um einen experimentell bestimmten Wert. Befindet sich das Fehlerevent im betrachteten Zeitfenster und beginnt es erst innerhalb des Zeitabschnitts, so gilt der extrahierte Zeitabschnitt als verifiziert und das Fehlerereignis kann ausgewertet werden.

Für die Auswertung des verwendeten Forschungsdatensatzes hat sich ein Zeitfenster von 10 s bei 100 Hz als ausreichend erwiesen. Hierbei sind alle Fehlerereignisse im betrachteten Zeitraum enthalten. Die Auslegung des Zeitraums ist von weiteren Faktoren abhängig und muss im Einzelfall gegebenenfalls angepasst werden. Bei-spielsweise erhöht sich der Zeitraum, wenn der Abschaltvorgang des Prüfstands Teil der Messdaten ist.

3.6 Ergebnis der Vorverarbeitung

Das Ziel des vorliegenden Abschnitts ist zunächst, einen generalisierbaren und repräsentativen Datensatz einer Erprobung am ASP zu erheben. Hierzu wird ein Forschungsdatensatz mit einer Anzahl von 150 Normal-Zyklus- und 45 Fehler-Zyklus-Messungen erhoben. Bei den Fehler-Zyklen handelt es sich um Messverläufe, die zunächst einem Normal-Zyklus entsprechen. Bei den eingebrachten Fehlern handelt es sich um gezielte Manipulationen des Sollwertverlaufs zu unterschiedlichen Zeitpunkten an einzelnen Signalen, wie sie in der Realität am Prüfstand im Fehlerfall auftreten. Grundsätzlich werden hierbei vier unterschiedliche Fehlerkategorien voneinander abgegrenzt. Der Forschungsdatensatz wird erstmalig im Rahmen dieser Arbeit zur Evaluation und Validierung der hier entwickelten Methoden verwendet. Zukünftig sollen mithilfe des Datensatzes weitere Forschungsfragen beantwortet werden können. Dies wird bereits in der Planung berücksichtigt und ein breites Spektrum an Signalen mit einer möglichst hohen Auflösung aufgezeichnet. Beispielsweise können mithilfe des Datensatzes unter anderem Fragestellungen zu thermischen Einschwingvorgängen, NVH und Predictive Maintenance untersucht werden.

Um die fehlerverursachende Komponente sicher detektieren zu können, muss ein geeignetes Signal zur Diagnose identifiziert werden. Aufgrund der vorliegenden Dynamik des Signals wird hierzu das Luftspaltmoment jeder der drei eingesetzten Prüfstandsmaschinen verwendet. Um die Daten in einem weiteren Schritt durch eine KI auswerten zu können, müssen die Daten in eine geeignete Form überführt werden. Hierzu findet zunächst eine Filterung mithilfe eines SG-Filters und anschließend eine Normalisierung der Daten statt. Um zeitliche Verschiebungen zwischen den Signalen unterschiedlicher Zyklen auszuschließen, müssen sie zunächst synchronisiert werden. Hierzu stehen zwei Methoden zur Verfügung. Die Kreuzkorrelation wird eingesetzt, wenn das Fehlerereignis nach dem ersten Nulldurchgang der Drehmomentsignale auftritt. Befindet sich das Fehlerereignis vor dem ersten Nulldurchgang der Drehmomentsignale, findet eine Synchronisierung durch die Methode der euklidischen Distanz statt. Durch die Anwendung dieser Methoden werden statische zeitliche Distanzen korrigiert. Eine Analyse der 150 Normal-Zyklus-Messungen ergibt, dass eine Korrektur von dynamischen Zeitverschiebungen auf Basis des erhobenen Forschungsdatensatzes nicht notwendig ist. Wird im späteren Verlauf eine Korrektur von dynamischen Offsets notwendig, können die zwei vorgestellten Methoden auch hierfür eingesetzt werden. Um die

Effizienz der trainierten Modelle zu erhöhen und gleichzeitig die Trainingszeiten zu verringern, werden die zur Fehlererkennung relevanten Zeiträume aus den Daten extrahiert und anschließend der KI in Form von Features zugeführt.

Mithilfe der anschließend entwickelten Methoden findet eine Transformation der Messdaten in eine für die KI-Modelle interpretierbare Form statt. Sie sind generalisierbar und können zur allgemeinen Datenvorbereitung für Diagnosezwecke von Prüfstandsfehlern eingesetzt werden.

4 Modellierung und Auswertung durch künstliche Intelligenz

Einen weiteren Schwerpunkt dieser Arbeit stellt die Entwicklung von KI-Modellen zur Fehlerdetektion basierend auf Messdaten des ASP dar. Zunächst findet dabei in Kapitel 4.1 eine Definition und Abgrenzung der Ziele dieses Abschnitts statt. Basierend auf dem Stand der Forschung und Literaturrecherchen werden hier drei AE-Architekturen mit unterschiedlichen Zellstrukturen entwickelt und untersucht. Hierbei handelt es sich um einen S-AE, LSTM- und GRU-AE. Zu diesem Zweck werden in Kapitel 4.2 alle relevanten Grundlagen zur allgemeinen Autoencoder-Architektur dargestellt. Um das volle Potenzial der AE-Modelle auszuschöpfen, müssen sämtliche Modellparameter an die vorliegenden Aufgabenstellungen angepasst werden. Dies wird durch die Methodik des Hyperparametertunings in Kapitel 4.3 dargestellt. Anschließend erfolgt basierend auf den Features von Kapitel 3 in Kapitel 4.4 die Entwicklung und Evaluierung der drei AE-Modelle. Um abschließend die fehlerverursachende Komponente ermitteln zu können, werden in Kapitel 4.5 Methoden zur Detektion der Fehlerzeitpunkte dargestellt.

4.1 Zielsetzung

Bevor die Entwicklung der AE-Modelle weiter beschrieben werden kann, findet in diesem Abschnitt zunächst eine Definition der hierfür relevanten Ziele und Abgrenzungen statt. Zum Training des Modells werden mehrere Normal-Zyklen des Forschungsdatensatzes als Features eingesetzt. Die Detektion einer der drei fehlerverursachenden Prüfstandsmaschinen findet auf Grundlage einer Fehler-Zyklus-Messung statt. Hierfür wird auf Basis der Ergebnisse aus Kapitel 3 die physikalische Größe des Luftspaltmoments $M_{Luftspalt}$ der drei eingesetzten Maschinen zur Identifikation der fehlerverursachenden Komponente verwendet. Im vorliegenden Beispiel bedeutet dies, dass stellvertretend für jede Prüfstandsmaschine ein eigenes AE-Modell trainiert und auf Basis der Fehler-Zyklus-Messungen ausgewertet wird. Dies bedeutet, dass pro Fehler-Zyklus insgesamt drei AE-Modelle trainiert werden

© Der/die Autor(en), exklusiv lizenziert an
Springer Fachmedien Wiesbaden GmbH, ein Teil von Springer Nature 2024
A. Krätschmer, *Retrospektive Diagnose von Fehlerursachen an Antriebsstrangprüfständen mithilfe künstlicher Intelligenz*,
Wissenschaftliche Reihe Fahrzeugtechnik Universität Stuttgart,
https://doi.org/10.1007/978-3-658-44004-6_4

müssen. Wichtig hierbei ist, dass der innere Aufbau und die verwendeten Parameter in einer Evaluation für alle drei Komponenten identisch sind.

Zur Detektion der Fehlerkomponente muss eine Methode zur Identifizierung des Fehlerzeitpunkts entwickelt werden. Eine Herausforderung sind hierbei die vorliegenden mechanischen Kopplungen der Prüfstandsmaschinen durch das DUT. Eine Abweichung des Signalverlaufs einer Maschine beeinflusst unmittelbar den Signalverlauf der anderen Prüfstandsmaschinen. Sobald eine gezielte Sollwertabweichung in Form eines synthetisch generierten Fehlers einer Maschine eingebracht wird, ändern sich auch unmittelbar die Messverläufe des Luftspaltmoments der zwei weiteren Maschinen. Die Auswertung einzelner Fehler-Zyklus-Messungen ergibt, dass die Übersprechzeit bereits häufig im Bereich von 200 ms liegt, was bei der verwendeten Abtastfrequenz von 100 Hz einer Anzahl von nur 20 diskreten Datenpunkten entspricht. Dieses Extrembeispiel wird im Rahmen dieser Arbeit bewusst ausgewählt, um die Performance der Methodik zur Fehlererkennung in allen Diagnosesituationen gewährleisten zu können. Mithilfe von statistischen Mitteln muss eine Methode zur Identifikation der Fehler entwickelt werden.

Zusammenfassend ist es das nachfolgende Ziel, die Prüfstandsmaschine mit dem synthetisch eingebrachten Fehler im Sollwertverlauf jedes Fehler-Zyklus sicher zu erkennen. Hierfür werden drei unterschiedliche AE-Architekturen entwickelt und die Ergebnisse gegenübergestellt.

4.2 Autoencoder-Architektur

Basierend auf den Ergebnissen aus Kapitel 2.5.1 werden nachfolgend drei AE-Architekturen entwickelt. Hierbei werden zunächst die Topologie und daraus folgend die Eigenschaften der Netzwerke dargestellt. Die Darstellung der Algorithmen erfolgt hierbei in chronologischer Reihenfolge. Zunächst wird der Stacked-Autoencoder dargestellt. Anschließend folgen der Long Short-Term Memory-AE und abschließend das Gated Recurrent Unit-AE-Netzwerk.

Der AE gehört zur Gruppe der Unsupervised-Learning-Methoden im Bereich der Rekurrenten Neuronalen Netze (RNN). Charakterisierend ist hierbei, dass zur Anpassung der Gewichte eine Verlustfunktion während des Trainingsvorgangs berechnet wird. Daneben besitzt der AE die Besonderheit, dass keine separaten

Zielvektoren bereitgestellt werden müssen. Vielmehr dienen die Merkmalsvektoren gleichzeitig als Zielfunktionen. Somit nimmt der AE eine Sonderstellung im ML-Umfeld ein. Die Architektur wird durch eine Encoder-Decoder-Lernarchitektur zur Reduzierung eines großen Merkmalsraums auf einen niedrigeren Merkmalsraum bestimmt. Der Algorithmus extrahiert dabei signifikante Merkmale und abstrakte Muster aus dem Merkmalsvektor. Dies erfolgt durch eine Dimensionsreduktion, welche durch den Encoder abgebildet wird. Die Aufgabe des Decoders besteht anschließend darin, die Originaldaten aus den komprimierten Daten des Encoders wieder vollständig herzustellen. Umso höher der Anteil korrelierter Variablen und Redundanzen im Datensatz ist, desto höher können die Daten ohne Informationsverlust komprimiert werden. [47, 134]

Die Klassifikation der AE findet über den internen Aufbau und dessen Topologie statt. In Abbildung 4.1 ist eine beispielhafte Architektur eines AE mit drei verdeckten Schichten (Hidden-Layer) dargestellt.

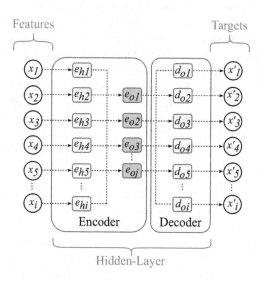

Abbildung 4.1: Architektur eines Autoencoders - allgemeine Darstellung, nach [47]

Die Dimension der Features und die damit verbundenen Zielvorgaben (engl. targets) ist abhängig von den bereitgestellten Daten, die zum Anlernen der KI zur Verfügung stehen. Bei diesen Daten handelt es sich um die aufbereiteten Signale aus den Normal-Zyklus-Messungen. Im Rahmen dieser Arbeit beträgt die Vektorlänge der aufbereiteten Signale 1000 Datenpunkte. Zunächst wird das komplette Datenset in Trainings- und Validierungsdaten unterteilt. Die Einteilung erfolgt hierbei auf dem Zufallsprinzip und es wird eine Verteilung von 80 % Trainingsdaten und 20 % Validierungsdaten vorgenommen. Die Einteilung in zwei separate Datensätze ist für die Evaluierung der Modell-Performance notwendig. Mithilfe der Trainingsdaten wird das Modell trainiert und die Gewichtungsfaktoren werden entsprechend angepasst. Anschließend wird auf Basis der bisher unbekannten Validierungsdaten die Performance des Modells ausgewertet. Dies wird insbesondere für das weitere Hyperparametertuning benötigt.

Eine allgemeingültige Aussage zur Bestimmung der idealen Anzahl und Beschaffenheit der Hidden-Layer existiert in der Literatur nicht. Dies ist in Abhängigkeit der zu lösenden Fragestellung und den vorhandenen Daten individuell zu betrachten und die geeignete Kombination über das Hyperparametertuning ist zu bestimmen. Im vorliegenden Anwendungsfall wird sie aber dem Themenfeld der Architektur zugeordnet, da die Modelle zunächst mit einer fest definierten Größe von drei Hidden-Layer optimiert werden. In [126] findet eine ausführliche Auswertung zur Effizienz von KI-Modellen mit unterschiedlicher Anzahl an Hidden-Layer statt. Das Ergebnis ist, dass bisher keine allgemeingültige Metrik und Vorgehensweise bekannt ist. Jedes Modell muss hierzu individuell durch Hyperparametertuning ausgewertet und evaluiert werden. Die Empfehlung aus [126] lautet, ein Modell mit einer maximalen Anzahl von drei Hidden-Layer zu verwenden und gegebenenfalls anzupassen. Auf dieser Basis wird deshalb der aus der Literatur empfohlene Ansatz mit dreien verwendet.

Komplexe Netzwerke benötigen in der Regel eine längere Rechenzeit zum Trainieren der Modelle und neigen zu Überanpassung (*Overfitting*). Das bedeutet, dass die Netzwerke aufgrund ihrer übermäßigen Komplexität und hohen Anzahl an Parametern in der Lage sind, die Trainingsdaten abzubilden. Jedoch sind sie nicht hinreichend in der Lage, die Validierungsdaten zu rekonstruieren. Die Performance weicht somit deutlich von den Trainingsdaten ab. Ein Modell, bei dem eine Überanpassung vorliegt, kann somit mangels seiner schlechten Generalisierbarkeit nicht auf neue Datensätze mit leicht variierenden Eigenschaften angewendet werden [47]. Dieser Vorgang kann auch als Auswendiglernen von individuellen Merkmalen/Features der Trainingsdaten bezeichnet werden, welche in anderen Datensätzen wie bspw. dem Validierungsdatensatze nicht vorhanden sind. Hingegen können Netzwerke mit wenigen Freiheitsgraden das Modell möglicherweise nicht hinreichend genau abbilden. Die Trainingsdaten sind für das erstellte Modell zu komplex und können aufgrund einer fehlenden Anzahl von Parametern nicht ausreichend dargestellt werden. Dies wird auch als Unteranpassung (*Underfitting*) bezeichnet und kann zu einer Reduzierung der Performance und Vorhersagegenauigkeit der KI führen. Das Ziel ist eine Architektur zu evaluieren, welche die geforderte Performance und Genauigkeit erfüllt, ohne dass eine Über- oder Unteranpassung auftritt [126]. Nachfolgend werden die einzelnen Architekturen zunächst separat entwickelt.

4.3 Hyperparametertuning

Eine der größten Herausforderungen bei der Entwicklung einer KI ist die Erstellung und Optimierung eines Modells mithilfe von allgemeinen Kenngrößen, welches die bestmöglichen Ergebnisse auf Basis der Fragestellung erzielt [2]. Aufgrund der Komplexität und Vielzahl an Freiheitsgraden muss jedes Modell individuell an die Aufgabenstellung angepasst werden. Dies geschieht häufig durch eine iterative Vorgehensweise, indem Parameter verändert und der Einfluss auf das Modell evaluiert werden. Im wissenschaftlichen Kontext existieren hierzu keine allgemeingültigen Normen und Vorgehensweisen [100, 129]. Eine Optimierung der Modelle findet daher häufig auf Grundlage von Ergebnissen und Erkenntnissen derselben Modelle statt [99]. Zusätzlich existieren Methoden zur automatisierten Optimierung [50]. Maßgeblich hängen die Performance und Qualität der Ergebnisse zum einen vom gewünschten Ziel der Auswertung durch die KI und zum anderen durch die Qualität und Anzahl an vorhandenen Trainingsdaten ab. Nach [2] lassen sich die Parameter eines KI-Modells grundsätzlich in zwei Kategorien einteilen:

- **Parameter:** Hierbei handelt es sich um Kenngrößen, die während des Trainingsvorgangs selbstständig auf Grundlage der Features justiert und optimiert werden. Hierzu zählen beispielsweise die Gewichte der Neuronen [129].

- **Hyperparameter:** Dabei handelt es sich um High-Level Kenngrößen, die im Gegensatz zu den Parametern bereits vor dem Training manuell durch den Entwickler definiert werden müssen. Sie sind abhängig von den Eigenschaften der Trainingsdaten und des verwendeten Algorithmus. Sie beinhalten hauptsächlich die Topologie und Architektur des Modells und damit verbunden die jeweiligen Kenngrößen. Hierzu zählen beispielsweise die Anzahl und Art der Hidden-Layer und Neuronen, die Aktivierungsfunktionen, Batch-Size, die Anzahl der Epochen, die Regularisierungsmethode und der Trainingsalgorithmus. [2, 16, 41]

Die Optimierung der Hyperparameter besitzt somit einen signifikanten Einfluss auf die Qualität und Performance des ML-Algorithmus [49, 129]. Abhängig von den Trainingsdaten haben zudem nur wenige Hyperparameter einen signifikanten Einfluss auf das Ergebnis. Diese können in Abhängigkeit von unterschiedlichen Trainingsdaten variieren [7]. Das praktische Vorgehen beim Hyperparametertuning ist deshalb eine Parameterstudie durchzuführen und eine Vielzahl an Modellen mit unterschiedlichen Werten und Kombinationen von Hyperparametern zu trainieren, sodass schlussendlich das Modell mit der besten Performance ausgewählt werden kann. Das Hyperparametertuning stellt deshalb eine der größten Herausforderungen bei der Entwicklung von KI dar [129]. Grundsätzlich existieren zur Durchführung des Hyperparametertunings zwei Vorgehensweisen. Zunächst kann die Anpassung manuell durchgeführt werden. Dies erfolgt durch den Entwickler auf Basis seiner Expertise sowie der Evaluation verschiedener Hyperparameter und antrainierter Modelle. Die zweite Möglichkeit stellen automatisierte Methoden dar, welche über Optimierungsalgorithmen und -verfahren das Modell mit der höchsten Performance evaluieren [129]. Hier finden die Optimierungen auf Basis von Zufalls- oder Rastersuche, modellbasierten Verfahren oder generischen Algorithmen statt. Abhängig vom jeweiligen Hyperparameter ist der Suchraum diskret, kontinuierlich oder kategorisch [16]. Eine Übersicht der Methoden ist z.B. in [7, 16, 49, 99, 100, 129] dargestellt.

Bei sämtlichen Architektur- und Hyperparameteroptimierungen des Modells muss die Evaluation der Ergebnisse auf Basis der Trainingsdaten und zwingend der Validierungsdaten durchgeführt werden. Die Herausforderung im KI-Umfeld ist, ein Modell zu entwickeln, dass sowohl bei Trainings- als auch Validierungsdatensätzen eine zufriedenstellende Performance aufweist [82]. Nur durch diese Maßnahme ist eine Generalisierbarkeit des Modells gegeben. Andernfalls besteht die Möglichkeit, dass eine Über- bzw. Unteranpassung einsetzt. Durch die Einbeziehung von Validierungsdaten kann die Performance des Modells auf Grundlage bisher noch unbekannter Datensätze ermittelt werden. Ein weiteres und wichtiges Kriterium beim Hyperparametertuning ist, dass bei Variation eines Hyperparameters stets die gleichen Anfangsbedingungen des Modells hergestellt werden. Andernfalls ist das Modell bereits vortrainiert und die Ergebnisse sind nicht mehr vergleichbar. Das bedeutet, dass der Initialzustand sämtlicher Parameter vorab gesichert und vor jeder Variation des Hyperparameters wieder hergestellt werden muss.

Ein weiteres Kriterium zur Bestimmung von Hyperparametern ist die von der eingesetzten Hardware benötigte Berechnungszeit während des Lernvorgangs. Die Berechnung von ML-Modellen ist oftmals rechen- und zeitintensiv. Um die Performance und Effektivität der Anwendung zu erhöhen, wird zur Berechnung der Modelle die NVIDIA CUDA® Deep Neural Network Library (cuDNN)-Bibliothek verwendet. Die Besonderheit der cuDNN-Bibliothek ist, dass sie die Rechenleistung der Graphics-Processing-Unit (GPU) zur Berechnung der ML-Modelle nutzt. GPUs sind bezüglich bestimmter Rechenoperationen optimiert und damit deutlich effektiver in der Berechnung als Standard Central Processing Units (CPUs). Hierzu gehören komplexe und parallele Berechnungen von Matrizen, welche zur Berechnung von ML-Algorithmen elementar sind [8, 13, 96]. Das Prinzip der cuDNN-Bibliothek ist in Abbildung 4.2 schematisch abgebildet.

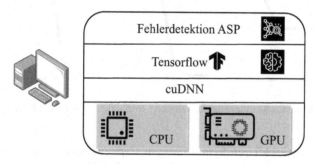

Abbildung 4.2: Schematische Darstellung der verwendeten Softwarebibliotheken und Hardware, in Anlehnung an [96]

Die Applikation zur Fehlerdetektion am ASP nutzt Bibliotheksfunktionen von Keras und Tensorflow. Dabei handelt es sich um spezielle Bibliotheken zur Erstellung von ML-Netzwerken. Dabei übernimmt cuDNN die Zuweisung der Hardware für die Modellberechnung. Wichtig hierbei ist, dass nicht alle Parameter der Modelle verwendet werden können. Dies ist insbesondere bei Auswahl einer Aktivierungsfunktion zu berücksichtigen. Der Wertebereich des Luftspaltmoments $M_{Luftspalt}$ reicht vom negativen in den positiven Zahlenraum. Hier bietet sich eine Normalisierung in dem Wertebereich [-1, ... , 1] an. Somit muss eine Aktivierungsfunktion gewählt werden, die neben dem positiven auch den negativen Zahlenraum abdeckt. Außerdem muss sie in der Lage sein, Nichtlinearitäten abzubilden. Die typischerweise im KI-Umfeld eingesetzten Aktivierungsfunktionen sind in Abbildung 4.3 dargestellt.

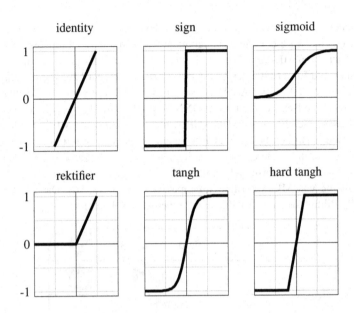

Abbildung 4.3: ML-Aktivierungsfunktionen - mathematische Darstellung

Hier erfüllen die Funktionen *Signum, Tangens-Hyperbolicus und Hard-Tangens-Hyperbolicus* die Anforderungen der nichtlinearen Abbildung und des benötigten Zahlenraums. Die Auswahl der Aktivierungsfunkion findet in Abhängigkeit der cuDNN-Bibliothek statt. Hierbei wird die Funktion *tangh* unterstützt und für die weiteren Untersuchungen verwendet. Als Normalisierungsmethode im Rahmen dieser Arbeit wird deshalb die Methode aus Gl. 3.22 verwendet. Weitere nicht unterstützte Parameter werden beim anschließenden Hyperparametertuning der einzelnen Architekturen nicht weiter berücksichtigt. Sie sind der Anwenderdokumentation in [88] zu entnehmen.

Um die Modelle beim Hyperparametertuning vergleichen zu können, werden zur Bestimmung der Modellgenauigkeit die Metriken aus Kapitel 2.4.3 verwendet. Ein RMSE-Wert nahe null bedeutet, dass die Datenwerte des Modells nahe am Verlauf der Trainingsdaten liegen. Ein weiteres zu berücksichtigendes Kriterium im Rahmen des Hyperparametertunings sind die benötigten Berechnungszeiten zum Anlernen der Modelle. Damit die hier vorgestellten Methoden in der Praxis einsetzbar sind, dürfen die Rechenzeiten nicht zu groß werden. Ansonsten ist eine manuelle Auswertung durch den Prüfstandbediener unter Umständen effizienter. Es wird deshalb ein weicher Grenzwert für die Gesamtrechendauer der drei Prüfstands-maschinen von maximal einer Stunde definiert. Bei Überschreitung der Rechenzeit müssen gegebenenfalls die Hyperparameter entsprechend angepasst werden. Zur Evaluation der Rechenzeit wird eine aktuelle Hardware im mittleren Leistungsseg-ment eingesetzt. Dieser Leistungsbereich steht typischerweise im Prüfstandsumfeld zur Verfügung. Bei der hier verwendeten Hardware handelt es sich um eine NVIDIA 3070 in Kombination mit einer Intel CPU i12700 und 32GB RAM DDR4.

4.4 Evaluierung der Autoencoder-Modelle

In diesem Abschnitt finden die Entwicklung und Optimierung der AE-Modelle mit unterschiedlicher Architektur statt. Zunächst erfolgt jeweils eine Vorstellung der unterschiedlichen Architekturen und deren Eigenschaften. Im nächsten Schritt erfolgt die Bestimmung der Anzahl an Normal-Zyklus-Messungen und Epochen, um eine möglichst hohe Modellgüte zu erreichen. Hierzu werden zunächst für alle drei Architekturen jeweils die in Tabelle 4.1 dargestellten default-Hyperparameter verwendet.

Tabelle 4.1: Default-Hyperparameter des verwendeten S-AE

Hyperparameter	Wert
Anzahl Hidden-Layer	3
Batch-Size	8
Aktivierungsfunktion	Tangens hyperbolicus
Optimierer	Adam (default)

Bei der Batch-Size handelt es sich um die Anzahl an Datenwerten eines Merkmals-vektors, die dem Netzwerk in einem Lernschritt zugeführt werden. Wie in Kapitel 3 bestimmt beträgt seine Größe im vorliegenden Beispiel 1000 Datenpunkte. Beim Lernvorgang eines Merkmalsvektors werden insgesamt $\frac{1000}{8} = 125$ Anpassungen der Gewichte durchgeführt. Im Gegensatz hierzu gibt die Anzahl der Epochen an, wie oft die kompletten Trainingsdaten zum Anlernen des Modells verwendet wer-den. Beim Optimierungsverfahren handelt es sich um einen Algorithmus, welcher eine Anpassung der Gewichte des Netzwerks in Abhängigkeit der Verlustfunktion durchführt. Das Ziel ist hierbei die Gewichtsparameter zu ermitteln, bei denen die Verlustfunktion ihr absolutes Minimum aufweist. Beim Adam-Optimierer handelt es sich um ein häufig eingesetztes Standardverfahren. Anschließend findet die Anpassung relevanter Hyperparameter statt. Das Vorgehen hierzu ist für jede AE-Architektur identisch. Lediglich spezifische Kenngrößen, welche die Abhängigkeiten zur verwendeten Topologie aufweisen, werden zusätzlich dargestellt. Abschließend findet für jede AE-Architektur eine Evaluation statt, in der bei den verwendeten Hyperparametern eine Über- oder Unteranpassung ausgeschlossen und die Modellgenauigkeit dargestellt wird.

4.4.1 Stacked-Autoencoder

Beim Stacked-Autoencoder (S-AE), der nach [40] mit dem Deep-Autoencoder (DAE) gleichzusetzen ist, handelt es sich um einen *Feed-Forward* AE bestehend aus einem NN. Die Architektur eines S-AE ist in Abbildung 4.4 dargestellt.

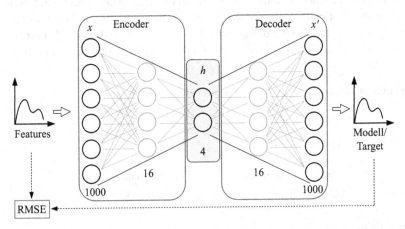

Abbildung 4.4: Aufbau des Stacked-Autoencoder. Er besteht aus einem Input- und Output-Layer, welche der Dimension der Features entsprechen. Das Modell wird auf Basis der dargestellten Anzahl an Hidden-Layer und Neuronen evaluiert

Der Lernvorgang innerhalb des Netzwerks findet klassisch über die Anpassung der Gewichte zwischen den Neuronen statt. Ein Neuron ist hierbei wie bereits in Abbildung 2.12 des Grundlagenkapitels dargestellt aufgebaut. Die Ausgabegleichung der jeweiligen Schichten können über die Gl. 4.30 dargestellt werden.

$$h = f(x) = \sigma_{Akt}(wx + b)$$
$$x' = d(h) = \sigma_{Akt'}(w'h + b')$$
$$x' = d(h) = \sigma_{Akt'}\{w'[\sigma_{Akt}(wx + b)] + b'\}$$

Gl. 4.30

Das Ziel ist, den Fehlerterm zwischen Eingabe x und prädizierter Ausgabe x' zu minimieren.

$$\arg\min_{w,w',b,b'} error[f(x), d(h)]$$

Gl. 4.31

Die Verlustfunktion wird mithilfe einer RMSE-Berechnungsmethode ermittelt und anschließend durch die Gewichte nach jedem Lernschritt angepasst.

$$L(x, x') = RMSE(x, x') = \sqrt{\frac{1}{N} \sum_{i=1}^{n} (x - x')^2}$$

Gl. 4.32

Mit:

h	Hidden-Layer
$f(x)$	Encoder-Funktion
$d(h)$	Decoder-Funktion
$\sigma_{Akt}, \sigma_{Akt'}$	Aktivierungsfunktion Encoder, Decoder
w, w'	Gewichtskoeffizient Encoder-Funktion, Decoder
x, x'	Datenwert, Prädizierter Datenwert
b, b'	Bias Encoder, Decoder
N	Gesamtanzahl der Stichprobenelemente

Zunächst wird im Rahmen des Hyperparametertunings untersucht, wie viele Normal-Zyklus-Messungen und Epochen für den Lernprozess des Modells benötigt werden, um das Minimum der Verlustfunktion zu erreichen. Die entsprechenden Diagramme zur Auswertung sind in Abbildung 4.5 dargestellt.

Für jedes der dargestellten Diagramme wird eine unterschiedliche Anzahl an Normal-Zyklus-Messungen zum Anlernen des Modells verwendet. Zusätzlich ist in jedem Diagramm die Abhängigkeit des RMSE zur Anzahl der verwendeten Epochen abgebildet. Es ist zu erkennen, dass die Verlustfunktion mit zunehmender Anzahl an Epochen abnimmt. Grund hierfür ist, dass eine Erhöhung der Anzahl an Epochen eine Zunahme an Lernschritten des Modells bewirkt. Der Vergleich aller dargestellten Diagramme ergibt, dass das lokale Minimum der Verlustfunktion bei einer Normal-Zyklus Anzahl von 10 bei gleichzeitig 200 Epochen erreicht wird.

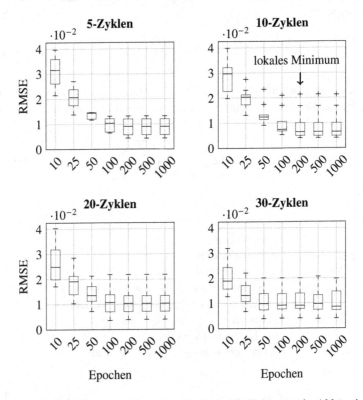

Abbildung 4.5: Hyperparametertuning Stacked-AE: Fehlerrate in Abhängigkeit von der Anzahl Normal-Zyklus-Messungen und Epochen

Durch die Variation der Hyperparameter Batch-Size und Anzahl an Hidden-Layer kann keine signifikante Erhöhung der Performance des ML-Modells erzielt werden. Ohne die Einbringung einer Regularisierungsmethode zeigt sich, dass das Modell zu einer Überanpassung in Form eines Rauschens neigt. Eine Möglichkeit zur Reduzierung der Überanpassung ist die Implementierung eines Regularisierers [47, 82]. Die Regularisierung ist eine Methode, mit dessen Hilfe eine optimale Modellkomplexität bestimmt werden kann [82]. Häufig führt dies zu einer Reduktion an Komplexität. Beispielsweise kann eine Dropout-Regularisierung verwendet werden. Die Funktionsweise hierbei ist, dass basierend auf dem Zufallsprinzip eine gewisse Anzahl an Neuronen während des Trainingsvorgangs deaktiviert wird. Somit reduziert sich die Komplexität des Netzes [59].

Alternativ existiert die L1- und L2-Regularisierungsmethode. Sie wird im weiteren Verlauf verwendet. Das Prinzip dieser Regularisierung ist, dass der Verlustfunktion aus Gleichung Gl. 4.32 ein Strafterm in Abhängigkeit eines Regularisierungskoeffizienten λ_{L1} und auf Basis der Summe an Gewichtskoeffizienten hinzuaddiert wird. Die Berechnung der L1- und L2-Strafterme sind in Gl. 4.33 abgebildet und basieren auf [47].

$$L1\text{-}Regularisierung = L(x,x') + \lambda_{L1} \cdot \sum_{i=1}^{n} |w_i|$$

$$L2\text{-}Regularisierung = L(x,x') + \lambda_{L2} \cdot \sum_{i=1}^{n} w_i^2 \qquad \text{Gl. 4.33}$$

Mit:

$L(x,x')$	Verlustfunktion nach Gl. 4.33
λ_{L1}	Regularisierungskoeffizient L1
λ_{L2}	Regularisierungskoeffizient L2
w_i	Gewichtskoeffizient

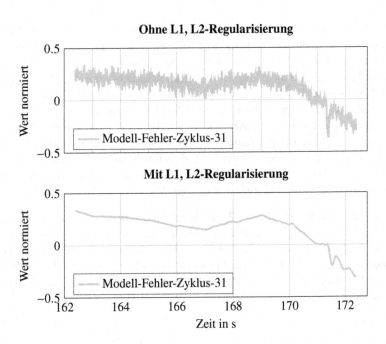

Abbildung 4.6: SAE-Vergleich mit und ohne Regularisierung. Dabei gilt L1 = 0.001 und L2 = 0.01

Beim L1-Regularisierer handelt es sich um die sog. *Lasso-Regression* und beim L2 um eine *Ridge-Regression*. Hohe Gewichtskoeffizienten haben beim L2-Regularisierer einen höheren Strafterm zur Folge. Bei der Bestimmung des Regularisierungskoeffizienten muss darauf geachtet werden, dass der Betrag Strafterms nicht zu groß wird. Ansonsten besteht die Gefahr, dass das Modell beim Lernvorgang keine signifikanten Lernfortschritte mehr erzielen kann und zudem deutlich längere Rechenzeiten benötigt [47]. Ein Vergleich des Modells ohne- und mithilfe der L1- und L2-Regularisierung ist in Abbildung 4.6 dargestellt.

Die Darstellung erfolgt durch zwei Diagramme. Im oberen Bereich ist der Signalverlauf des Modells ohne und im unteren mit Regularisierung dargestellt. Es ist zu erkennen, dass ohne die Implementierung einer Regularisierungsmethode eine Überanpassung des Modells erfolgt, welche sich in Form eines Rauschens darstellt. Dies kann durch die Anwendung der L1- und L2-Generalisierung behoben werden.

Die Ermittlung der optimalen Regularisierungsfaktoren erfolgt hierbei experimentell und die besten Ergebnisse ergeben sich bei L1 = 0.001 und L2 = 0.01. Die finalen Hyperparameter des S-AE-Modells zur weiteren Auswertung im Rahmen dieser Arbeit sind in Tabelle 4.2 dargestellt.

Tabelle 4.2: Hyperparameter des verwendeten S-AE

Hyperparameter	Wert
Anzahl Normal-Zyklus-Messungen zum Anlernen	10
Anzahl Epochen	500
Batch-Size	8
Regularisierer	L1 & L2
Aktivierungsfunktion	Tangens hyperbolicus
Optimierer	Adam (default)

Um die Qualität des S-AE-Modells beurteilen zu können, bedarf es der Evaluation weiterer Kennwerte. In Abbildung 4.7 sind deshalb zur Evaluierung des S-AE-Modells weitere Diagramme zur Beurteilung des Trainingsverlaufs, der Fehlerverteilung und abschließend der Modellgenauigkeit dargestellt.

Um die Qualität des Lernvorgangs beurteilen und negative Effekte wie Über- oder Unteranpassung ausschließen zu können, sind die Verläufe der Fehlerrate während des Trainings- und Validierungsvorgangs abgebildet. Charakterisierend für einen erfolgreichen Lernvorgang ist, dass die Fehlerrate bei Trainings- und Validierungsdaten bis zu einem lokalen Minimum kontinuierlich abnimmt. Wichtig ist hierbei, dass der Abstand beider Kurven möglichst gering ist und sich über die Anzahl der Epochen nicht vergrößert. Im vorliegenden Diagramm sind diese Anforderungen erfüllt. Somit liegt keine Über- oder Unteranpassung vor. Ab einer Anzahl von ca. 480 Epochen liegt für beide Kurvenverläufe zudem ein quasistationärer Zustand vor, was bei einer möglichen Erhöhung der Epochenzahl zu keiner signifikanten Reduktion der Fehlerrate führt. Deshalb wird eine Epochenzahl von 500 ausgewählt. Bei der Auswertung des Histogramms zur Fehlerverteilung ist zu erkennen, dass der maximale RMSE von Trainings- und Validierungsdaten eine ähnliche Größenordnung aufweist. Der beispielhaft ermittelte RMSE eines Fehler-Zyklus liegt im Vergleich bei $10 \cdot 10^{-5}$ und ist damit sicher separierbar.

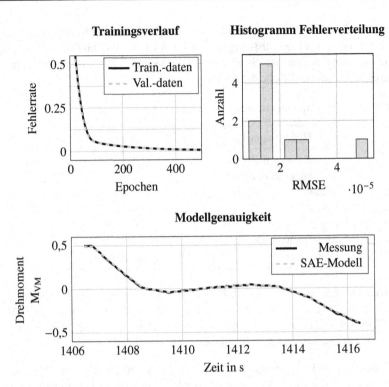

Abbildung 4.7: Evaluierung finales S-AE-Modell nach dem Hyperparametertuning

4.4.2 LSTM-Autoencoder

Der Long Short-Term Memory-Autoencoder gehört zur Gruppe der rekurrenten neuronalen Netze und wurde erstmals im Jahr 1997 in [48] vorgestellt. Im Gegensatz zur klassischen *feed-forward*-Topologie mit einer vorwärts gerichteten (azyklischen) Netzstruktur besitzen rekurrente Netze zusätzlich Verbindungen zu gleichen oder vorangegangen Neuronenschichten [64]. Im direkten Vergleich des Zellaufbaus weist die LSTM-Struktur zusätzliche Schnittstellen und Gates auf, was zu einer gesteigerten Anzahl von zu trainierenden Parametern führt. Aufgrund des internen Aufbaus können LSTM- und GRU-Zellen effektiv Langzeitabhängigkeiten der Features darstellen und zusätzlich die bei RNN auftretenden Herausforderungen mit schwindenden Gradienten (*vanishing-gradients*) beheben [16, 68]. Dadurch eignen sie sich insbesondere zur Anomalieerkennung von unregelmäßig auftretenden Anomalien [70]. LSTM-Strukturen werden deshalb häufig bei Fragestellungen zur Spracherkennung, Zeitreihenanalyse oder Bilderkennung insbesondere im Umfeld von ML eingesetzt [79]. Die Architektur eines LSTM-AE besteht ebenfalls aus einer Encoder-Decoder-Struktur. Die LSTM-Zellen weisen hierbei eine Verbindung zu vorangegangenen und nachfolgenden Schichten eines Layer auf. Der Aufbau des LSTM-AE ist in Abbildung 4.8 veranschaulicht.

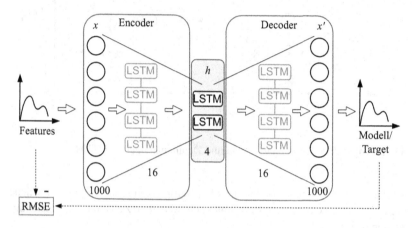

Abbildung 4.8: Aufbau des zu untersuchenden LSTM-Autoencoders. Er besteht aus einem Input- und Output-Layer, welche der Dimension der Features entsprechen. Das Modell wird auf Basis der dargestellten Anzahl an Hidden-Layer und LSTM-Zellen evaluiert

Der Aufbau unterscheidet sich mit Ausnahme der Zellstruktur nicht von den anderen Modellen. Eine LSTM-Zelle besteht grundsätzlich aus den zwei Zustandsvektoren c_t und h_t und dem internen Aufbau mit insgesamt vier Gates. Der Vektor h_t stellt den Kurzzeitzustand und c_t den Langzeitzustand dar [16, 48]. Der Aufbau einer LSTM-Zellstruktur ist in Abbildung 4.9 dargestellt.

Der interne Aufbau einer LSTM-Zelle besteht aus vier vollständig verbundenen Schichten. Dabei handelt es sich um das Input- i_t, Forgot- f_t, und Output-Gate o_t, sowie eines Cell-Inputs $\tilde{c}_t$ zur Erfassung der beiden Eingänge x_t und h_{t-1} [68, 75, 116]. Die Gewichtsfaktoren w_{xx} der einzelnen Eingangsvektoren x_t und h_{t-1} bestimmen in Abhängigkeit der nachgeschalteten Aktivierungsfunktion, ob und welche Eingangsgrößen zur Berechnung der aktuellen Zellausgabe berücksichtigt

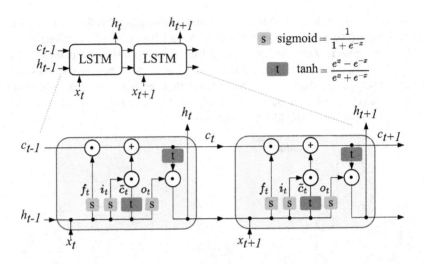

Abbildung 4.9: Allgemeiner Aufbau und Detailansicht einer LSTM-Zelle

werden. Die Funktion des Input-Gates liegt darin zu entscheiden, ob und welche neuen Eingangsvektoren zur Berechnung des aktuellen Zellstatus berücksichtigt werden sollen.

Das Forgot-Gate dient hingegen dazu, Informationen aus vorangegangenen Zellen für die weitere Berechnung zu selektieren oder zu verwerfen. Beim Cell-State handelt es sich um den aktualisierten Zellzustand in Abhängigkeit der vorgestellten Gates. Bei dem hier ermittelten Ergebnis handelt es sich um die Informationen aus den Eingangsgrößen, welche der ML-Algorithmus als relevant ansieht. Mithilfe des Output-Gates wird die Ausgabe der aktuellen Zelle basierend auf vorangegangenen Werten und dem internen Zellzustand berechnet. Die Berechnung des Ausgangszustandes h_t der Zelle erfolgt durch das Hadamard-Produkt (komponentenweise Multiplikation) zwischen dem Output-Gate o_t und dem Langzeitzustand c_t [16, 75, 116]. Die Formeln zur Berechnung der Zellfunktionen sind in Gl. 4.34 abgebildet.

$$f_t = sigmoid(w_{xf} \cdot x_t + w_{hf} \cdot h_{t-1} + b_f)$$
$$i_t = sigmoid(w_{xi} \cdot x_t + w_{hi} \cdot h_{t-1} + b_i)$$
$$\tilde{c}_t = tanh(w_{x\tilde{c}} \cdot x_t + w_{h\tilde{c}} \cdot h_{t-1} + b_{\tilde{c}})$$
$$o_t = sigmoid(w_{xo} \cdot x_t + w_{ho} \cdot h_{t-1} + b_o)$$
$$c_t = f_t \odot c_{t-1} + i_t \odot \tilde{c}_t$$
$$h_t = tanh(c_t) \odot o_t$$

Gl. 4.34

Mit:

f_t	Forgot-Gate
i_t	Input-Gate
o_t	Output-Gate
c_t	Cell-State
x_t	Feature-Vektor
h_t	Hidden-State
w_{xx}	Gewichtsfaktoren
b_x	Bias
$\odot$	Hadamard-Produkt

Das Hadamard-Produkt ist definiert als komponentenweise Matrizenmultiplikation. Die allgemeine Formel zur Berechnung ist in Gl. 4.35 dargestellt [18].

$$A_{IxJ} \odot B_{IxJ} = C_{IxJ} = \begin{pmatrix} a_{11}b_{11} & a_{12}b_{12} & \cdots & a_{1J}b_{1J} \\ a_{12}b_{12} & a_{22}b_{22} & \cdots & a_{2J}b_{2J} \\ \vdots & \vdots & \ddots & \vdots \\ a_{I1}b_{I1} & a_{I2}b_{I2} & \cdots & a_{IJ}b_{IJ} \end{pmatrix}$$

Gl. 4.35

Um bestmögliche Ergebnisse mit dem dargestellten LSTM-AE erzielen zu können, muss das Modell an die Aufgabenstellung angepasst werden. Dies wird durch das Verfahren der Hyperparameteranpassung äquivalent zum S-AE durchgeführt. In Abbildung 4.10 ist die Auswertung der Fehlerrate in Abhängigkeit der Anzahl an Normal-Zyklus-Messungen und Epochen dargestellt. Es ist ersichtlich, dass die LSTM-Struktur aufgrund ihrer Komplexität und damit verbunden erhöhten Anzahl an Parametern eine größere Trainingsrate im Vergleich zum S-AE benötigt, bis sich eine quasistationäre Fehlerrate einstellt. Aufgrund der hohen Trainingszeit wird im Weiteren eine Normal-Zyklus-Anzahl von 10 und eine Epochenzahl von 1000 verwendet. Während des Hyperparametertunings hat sich gezeigt, dass die Fehlerrate ab 1000 Epochen deutlich geringer ist als bei einer niedrigeren Epochenzahl.

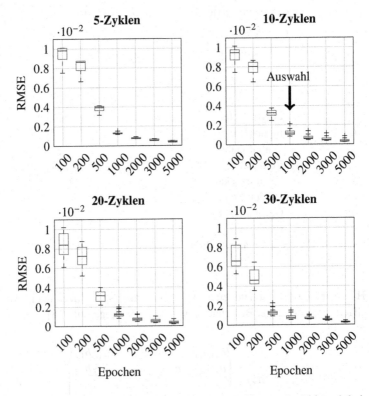

Abbildung 4.10: Hyperparametertuning LSTM: Fehlerrate in Abhängigkeit von der Anzahl Normal-Zyklus-Messungen und Epochen

Aufgrund des erhöhten Zeitbedarfs zum Anlernen des Modells wird die Batch-Size von default 8 auf 50 angehoben. Damit reduziert sich die Anzahl der Lernschritte und vermindert somit die benötigte Trainingszeit. Durch Variation weiterer Parameter kann keine signifikante Steigerung der Modellgenauigkeit erzielt werden.

Die finalen LSTM-Hyperparameter sind in Tabelle 4.3 dargestellt. Die Einbindung einer Regularisierungsmethode ist hierbei nicht erforderlich.

Tabelle 4.3: Hyperparameter des verwendeten LSTM-AE

Hyperparameter	Wert
Anzahl Normal-Zyklus-Messungen zum Anlernen	10
Anzahl Epochen	1000
Batch-Size	50
Aktivierungsfunktion	Tangens hyperbolicus
Optimierer	Adam (default)

Um das entwickelte LSTM-Modell zu evaluieren, werden abschließend der Trainingsverlauf, das Histogramm mit der Fehlerverteilung und die Modellgenauigkeit analysiert. Beim Trainingsverlauf ist ersichtlich, dass sowohl die Fehlerrate von Trainings- als auch Validierungsdaten über die Anzahl der Epochen stetig sinkt. Auf Basis des Diagramms wird deutlich, dass keine Über- oder Unteranpassung auftritt. Bei der Auswertung des Histogramms zur Fehlerverteilung ergeben sich für alle Normal-Zyklus-Messungen ähnliche RMSE-Werte und eine homogene Verteilung. Im direkten Vergleich weist eine beispielhafte Fehler-Zyklus-Messung einen RMSE von $9.8 \cdot 10^{-5}$ auf und ist somit deutlich separierbar von den Normal-Zyklus-Messungen. Sie kann somit korrekt detektiert werden. Das Modell erzielt eine zufriedenstellende Modellgüte. Lediglich bei den ersten Funktionswerten weicht der Signalverlauf des Modells im Vergleich zur Messung ab. Hierbei handelt es sich um die ersten drei Datenpunkte, welche mit einer höheren Anzahl an Epochen eliminiert werden können.

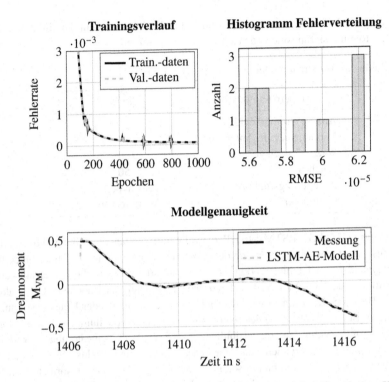

Abbildung 4.11: Evaluierung finales LSTM-Autoencoder-Modell nach dem Hyperparametertuning

4.4.3 GRU-Autoencoder

Der Gated Recurrent Unit (GRU)-Autoencoder gehört ebenfalls zur Gruppe der Rekurrenten Neuronalen Netze und wurde erstmals 2014 in [26] vorgestellt. Im Vergleich zur LSTM-Struktur mit von drei Gates besitzen GRU-Zellen nur zwei Gates. Im direkten Vergleich mit einem LSTM-AE erzielt die Architektur mit GRU-Zellen eine ähnliche Performance. In Abhängigkeit des Merkmalsvektors kann unter Umständen sogar eine bessere Performance erreicht werden [120, 130]. Sie werden insbesondere bei mittellangen oder kürzeren Merkmalsvektor-Sequenzen eingesetzt, wodurch eine geringere Parameteranzahl begünstigt wird. Dies kann im Vergleich zur LSTM-Struktur zu einer kürzeren Trainingszeit führen. [47]. In Abbildung 4.12 ist der Aufbau des GRU-AE, der im Rahmen dieser Arbeit evaluiert wird, dargestellt.

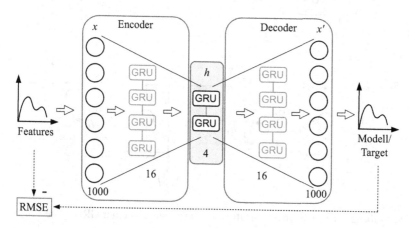

Abbildung 4.12: Aufbau des zu untersuchenden GRU-AE. Er besteht aus einem Input- und Output-Layer, welche der Dimension der Features entsprechen. Das Modell wird auf Basis der dargestellten Anzahl an Hidden-Layer und Neuronen evaluiert

Die Dimension ist hierbei identisch zu den bisher vorgestellten Alternativarchitekturen. Die Unterscheidung findet in Form der Verwendung von GRU-Zellen statt. Sie weisen äquivalent zur LSTM-Zelle Verbindungen zu vorhergehenden und nachfolgenden Zellen auf. In Abbildung 4.13 ist der allgemeine Aufbau einer GRU-Zelle dargestellt.

Sie besteht grundsätzlich aus zwei Zustandsvektoren und dem Merkmalsvektor. Bei h_{t-1} und h_t handelt es sich um Ausgabevektoren und Verbindungen zu vorangegangenen und nachfolgenden Zellen. x_t stellt die Trainingsinstanz beziehungsweise den Merkmalsvektor (eng. *features*) zum Zeitpunkt t dar. Die Zelle selbst besteht aus einem *Reset-* und einem *Update-Gate* [42, 68, 73, 75].

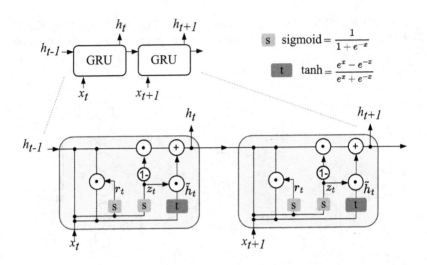

Abbildung 4.13: Allgemeiner Aufbau und Detailansicht einer GRU-Zelle

Die Formeln zur Berechnung der einzelnen Zellfunktionen sind in Gl. 4.36 abgebildet.

$$r_t = sigmoid(w_{xr} \cdot x_t + w_{hr} \cdot h_{t-1} + b_r)$$
$$z_t = sigmoid(w_{xz} \cdot x_t + w_{hz} \cdot h_{t-1} + b_z)$$
$$\tilde{h}_t = tanh(w_{x\tilde{h}} \cdot x_t + w_{h\tilde{h}} \cdot r_t \odot h_{t-1} + b_{\tilde{h}})$$
$$h_t = (1 - z_t) \odot h_{t-1} + z_t \odot \tilde{h}_t$$

Gl. 4.36

Mit:

r_t	Reset-Gate
z_t	Update-Gate
x_t	Feature-Vektor
h_t	Hidden-State
w_{xx}	Gewichtsfaktoren
b_x	Bias
$\odot$	Hadamard-Produkt

Das Reset-Gate dient dazu, die zurückliegende Zellausgangsgröße h_{t-1} zu ignorieren oder bei Relevanz weiter für die Berechnung der aktuellen Zelle zu berücksichtigen. Im Fall, dass $r_t \sim 0$ ist, wird die Ausgabe der vorherigen Zelle ignoriert und ausschließlich x_t aus dem Merkmalsvektor verwendet. Im Gegensatz hierzu wird das Update-Gate eingesetzt um zu entscheiden, inwieweit der interne Zellstatus aktualisiert werden soll. Bei $z_t \sim 0$ wird der Zellzustand auf der Grundlage des vorherigen h_{t-1} verwendet. Im Gegensatz hierzu gilt für h_t bei $z_t \sim 1$, dass ein Update der Zelle auf Basis von $\tilde{h}$ stattfindet [68].

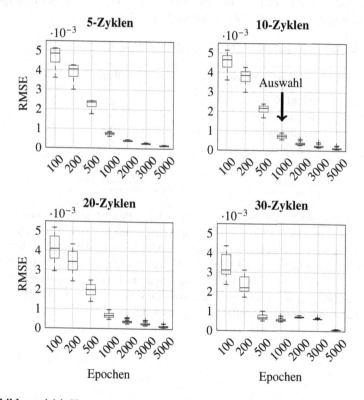

Abbildung 4.14: Hyperparametertuning GRU: Fehlerrate in Abhängigkeit von der Anzahl an Normal-Zyklus-Messungen und Epochen

Mithilfe dieser Zellstruktur ist es möglich, auch zurückliegende Informationen bei der Berechnung aktueller Zellen zu berücksichtigen. Die erhöhte Komplexität der Architektur zeigt sich zudem bei der Evaluation benötigter Lernzyklen und der Anzahl an Trainingsepochen. Die Ergebnisse sind in Abbildung 4.14 dargestellt.

Äquivalent zur LSTM-Architektur wird eine Normal-Zyklus Anzahl von 10 bei gleichzeitig 1000 Epochen ausgewählt. Auch hier hat sich gezeigt, dass die Fehlerrate ab 1000 Epochen deutlich niedriger ist als bei einer kleineren Epochenzahl. Zusammenfassend ergibt sich für den GRU-AE die Konfiguration der Hyperparameter, welche in Tabelle 4.4 abgebildet sind.

Tabelle 4.4: Hyperparameter des verwendeten GRU-AE

Hyperparameter	Wert
Anzahl Normal-Zyklus-Messungen zum Anlernen	10
Anzahl Epochen	1000
Batch-Size	50
Aktivierungsfunktion	Tangens hyperbolicus
Optimierer	Adam (default)

Wie bei den vorherigen Modellen findet abschließend eine finale Auswertung des GRU-AE statt. Der Trainingsverlauf weist keine Anzeichen von Über- oder Unteranpassung auf und Trainings- sowie Validierungsdaten verlaufen mit einer geringen Differenz zueinander. Ab ca. 1000 Epochen stellt sich ein asymptotisches Verhalten in der Fehlerrate ein. Die Fehlerverteilung besitzt auch hier eine homogene Verteilung mit einer geringen Streuung. Das Erkennen von Fehler-Zyklus-Messungen ist somit auch mit diesem Modellansatz sichergestellt.

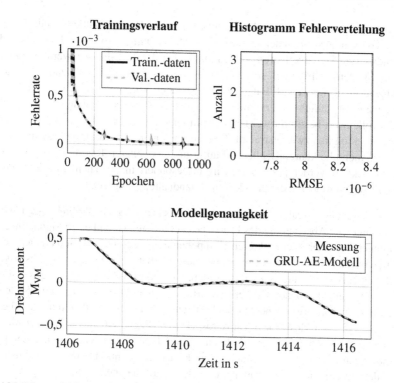

Abbildung 4.15: Evaluierung finales GRU-Autoencoder-Modell nach dem Hyperparametertuning

4.5 Detektion von Fehlerzeitpunkten

Abschließend müssen im letzten Schritt zur retrospektiven Diagnose von Fehlerursachen die Fehlerzeitpunkte der diagnostizierenden Prüfstandsmaschinen eines Fehler-
Zyklus mithilfe einer geeigneten Methode detektiert werden. Eine in der Literatur
eingesetzte Methodik zur Detektion von kontextuellen Anomalien in einem Datensatz ist die Schwellenwert- oder Grenzwertmethode [21, 42, 70, 83, 115, 121, 135].
Hier werden Schwellenwerte eingesetzt um zu klassifizieren, ob ein untersuchter

Datensatz anormale Signalverläufe aufweist oder die Daten unauffällig sind. Häufig wird dies umgesetzt, in dem zunächst die Abweichungen zwischen Features und prädizierten Signalverläufen des Trainings über den RMSE ausgewertet werden. Anschließend wird auf Basis eines Histogramms, welches die Anzahl der Trainingsdaten über dem RMSE darstellt, ausgewertet. Aufgrund der sich idealerweise ergebenden Häufigkeitsverteilung in Form einer Normalverteilung kann nun ein Schwellenwert bestimmt werden, der mit einem Sicherheitsfaktor beaufschlagt wird und folglich zweifelsfrei alle Trainingsdaten einschließt. Eine Messung mit einer Anomalie kann anschließend aufgrund des höheren RMSE-Werts als solche detektiert werden [121]. Dies wird insbesondere in den Themengebieten der Qualitätskontrolle und der prädiktiven Instandhaltung eingesetzt.

Im Rahmen der Aufgabenstellung ist aber stets bekannt, dass in der (Fehler-Zyklus)-Messung eine Abschaltung des Prüfstands aufgetreten ist und es zu Signalabweichungen bei einer oder mehreren Komponenten gekommen ist. Sobald sich der aufgetretene Fehler auf die diagnostizierenden Größen einer Komponente auswirkt, kann eine Abweichung detektiert werden. Ob und in welchem Umfang sich ein Fehler auf entsprechende Größen auswirkt, ist abhängig von der Ursache. Sollen zukünftig weitere Komponenten des Prüfstands überwacht werden, muss dies bei der Auswahl von Messgrößen zur retrospektiven Diagnose berücksichtigt werden. Da es sich bei den in dieser Arbeit generierten Fehlern um synthetisch erzeugte Anomalien in Form von Abweichungen des Drehzahl- und Drehmomentsignals handelt, ist eine sichere Zuordnung des Fehlers zu einer spezifischen Komponente gewährleistet.

Infolge der mechanischen Kopplung des Systems mit den Radmaschinen muss die Detektion von Fehlerzeitpunkten in der Lage sein, die Zeitpunkte präzise zu bestimmen. Im vorliegenden Beispiel ist der Fehler einer Maschine mit einem geringen zeitlichen Verzug auch in den Diagnosegrößen der zwei anderen Maschinen sichtbar. In diesem Kontext liegt der Fokus der Grenzwertmethode auf der Detektion von exakten Fehlerzeitpunkten jeder zu diagnostizierenden Komponente. Charakteristisch für einen Fehlerzeitpunkt ist, dass der Signalverlauf zunächst dem eines Normal-Zyklus entspricht und ab diesem Zeitpunkt in Form einer kontextuellen Anomalie vom Normalverlauf abweicht.

Hierzu wird wie in Gleichung Gl. 4.37 dargestellt ein Anomalie-Score (AS) eingeführt.

$$AS(n) = \sqrt{(KI\_Modell(n) - Messignal\_des\_Fehler\_Zyklus(n))^2} \qquad \text{Gl. 4.37}$$

Im Gegensatz zum verwendeten Anomalie-Score aus [21] wird in dieser Arbeit
der euklidische Abstand zwischen dem Modell und den Signalen anstelle von der
Dateninstanz ihres *k-ten* nächsten Nachbarn verwendet. Der Anomalie-Score wird
für jedes Luftspaltmoment der drei Maschinen berechnet. Zur Bestimmung wird
hierbei das jeweilige trainierte KI-Modell und der entsprechende Signalverlauf des
Fehler-Zyklus benötigt. Die Berechnung findet für jeden diskreten Zeitschritt n statt
und kann graphisch wie in Abbildung 4.8 dargestellt werden.

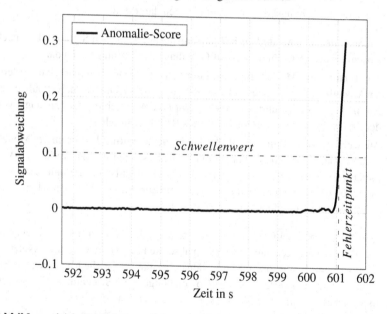

Abbildung 4.16: Detektion von Fehlerzeitpunkten - schematische Darstellung einer
Auswertung mit einem statischen Grenzwert

Sobald der Anomalie-Score den definierten Schwellenwert überschreitet, findet am Schnittpunkt die Detektion des Fehlerzeitpunkts statt. Für jeden Fehler-Zyklus werden die detektierten Zeitpunkte der drei Maschinen ausgewertet. Die Komponente mit dem kleinsten Fehlerzeitpunkt gilt als fehlerverursachende Maschine. Es existieren unterschiedliche Möglichkeiten zur Bestimmung von Schwellwerten. Im Rahmen dieser Arbeit werden sie in die Kategorien statische und dynamische Grenzwerte unterschieden. Wichtig zur Bestimmung der Schwellenwerte ist, dass diese automatisiert anhand verschiedener Kriterien gesetzt werden, ohne dass es der Interaktion eines Prüfstandsbedieners bedarf. Die Auswertung des trainierten Modells kann auf unterschiedliche Weise erfolgen. Nach dem Lernvorgang steht ein Modell zur Verfügung, dass hinsichtlich der Aufgabenstellung angelernt und optimiert ist. Die Gewichtsfaktoren sind nach Abschluss statisch und dürfen nicht mehr verändert werden. Das nun zur Verfügung stehende Modell kann mit verschiedenen Daten beaufschlagt und ausgewertet werden. Im Nachfolgenden sind die im Rahmen der Forschungsarbeit relevanten Daten dargestellt.

- **Auswertung des Modells mit Trainingsdaten:** Stellt den Signalverlauf nach Abschluss des Modelltrainings auf Grundlage der Trainingsdaten dar.

- **Auswertung des Modells mit Testdaten:** Um die Generalisierbarkeit des erlernten Modells evaluieren zu können, werden noch unbekannte Signalverläufe eines Normal-Zyklus zugeführt. Im Ergebnis wird die Abweichung des Eingangs- von dem Zielvektor über die Berechnung des RMSE ermittelt.

- **Auswertung des Modells mithilfe der Fehlermessung:** Das trainierte Modell wird mit den Signalen des Fehler-Zyklus beaufschlagt. Da der Verlauf im Vergleich zu den Trainings- und Testdaten abweicht, entsteht hier eine Differenz zwischen dem Eingangsvektor der Fehlermessungen und dem Zielvektor nach der Auswertung mit dem trainierten Modell.

Eine in der Literatur häufig anzutreffende Möglichkeit zur Definition von Grenzwerten bei der Anomalieerkennung ist neben absoluten Schwellenwerten die Nutzung von statistischen Kenngrößen. Hierzu zählen beispielsweise die Methoden zur Berechnung von Mittelwerten, Standardabweichungen und Streuungen. Der Vorteil statistischer Kennzahlen ist die direkte Relation zu den verwendeten Daten. Bei der Nutzung von absoluten Grenzwerten ist nicht gewährleistet, dass der Betrag der Amplitude des Anomalie-Scores bei jedem Fehler-Zyklus annähernd identisch ist. Dies hängt beispielsweise von der Streuung der Trainingsdaten, Auswahl der auszuwertenden Daten und dem aufgetretenen Fehler ab. Das Ziel der Schwellenwertmethode in dieser Arbeit ist, dass sie allgemeingültig für die ausgewählten

Diagnosegrößen und Komponenten eingesetzt werden können, sofern sich keine Änderungen der Rahmenbedingungen und Auslegungen ergeben.

Nachfolgend wird zur Berechnung der Schwellenwerte ein sog. Schwellenwertfaktor s_f eingeführt. Er dient dazu, die statistischen Berechnungen durch einen individuellen Faktor zu ergänzen, um einen weiteren Freiheitsgrad bei der Bestimmung eines geeigneten Schwellenwerts zu haben.

4.5.1 Statischer Grenzwert

Bei den statischen Schwellenwerten handelt es sich um Grenzwerte, die einen konstanten Verlauf über der Zeit aufweisen. Sie besitzen somit keine zeitliche Abhängigkeit zu den Zeitreihendaten. Die Berechnung der Schwellenwerte erfolgt auf Basis des gesamten Signalverlaufs einer Messung. Die Gleichungen basieren auf [43, 60] und werden durch den Gewichtungsfaktor s_f ergänzt.

Die erste Möglichkeit zur Berechnung eines Schwellenwerts mithilfe statistischer Methoden basiert auf dem Medianwert einer Messreihe. Der Median entspricht bei einer ungeraden und aufsteigend sortierten Datenreihe dem mittleren Wert. Somit sind 50 % der Werte kleiner als der Median sowie 50 % der Werte größer. Handelt es sich um eine gerade Anzahl an Datenwerten wird zur Berechnung des Medianwerts der Mittelwert aus den beiden mittleren Datenpunkten verwendet [60]. Äquivalent hierzu handelt es sich beim Median um das zweite-Quantil (50 %-Quantil) [43]. Die Formel zur Berechnung ist in Gl. 4.38 abgebildet.

$$\tilde{x} = s_f \cdot \begin{cases} \vec{x}\left(\dfrac{N+1}{2}\right), & \text{für N ungerade} \\[2em] \dfrac{1}{2}\left[\vec{x}\left(\dfrac{N}{2}\right) + \vec{x}\left(\dfrac{N}{2}+1\right)\right], & \text{für N gerade} \end{cases}$$

Gl. 4.38

Mit:

$\tilde{x}$	Median
s_f	Schwellenwertfaktor
$\vec{x}$	Aufsteigend sortierte Datenwerte (als Vektor)
N	Gesamtanzahl der Stichprobenelemente

Unterschieden wird hierbei, ob die Gesamtanzahl der Stichprobenelemente N einem geraden oder ungeraden Wert entspricht. Eine wichtige Eigenschaft des Medians ist die relative Unempfindlichkeit gegenüber Extremwerten und Ausreißern in Datensätzen [43]. Im direkten Vergleich hierzu wird der arithmetische Mittelwert verwendet. Hier wirkt sich jeder Extremwert direkt auf das Ergebnis aus. Die entsprechende Gleichung ist in Gl. 4.39 dargestellt.

$$\overline{x} = s_f \cdot \frac{1}{N} \sum_{i=1}^{N} x(i)$$

Gl. 4.39

Mit:

$\overline{x}$	Arithmetischer Mittelwert
s_f	Schwellenwertfaktor
N	Gesamtanzahl der Stichprobenelemente

Eine weitere Möglichkeit zur Berechnung eines Schwellenwertes stellt die Standardabweichung dar. Dabei handelt es sich um die Quadratwurzel der Varianz, welche ein abstraktes Ähnlichkeitsmaß einer Datenreihe darstellt. Die Formel ist in Gl. 4.40 abgebildet.

$$\sigma = s_f \cdot \sqrt{\frac{1}{N-1} \sum_{i=1}^{N} (x - \bar{x})^2} \qquad \text{Gl. 4.40}$$

Mit:

σ	Standardabweichung
s_f	Schwellenwertfaktor
N	Gesamtanzahl der Stichprobenelemente
x	Datenwert
$\bar{x}$	Arithmetischer Mittelwert

Die Standardabweichung beschreibt die Abweichung der Datenwerte im Mittel in Bezug auf den Erfahrungswert. Mithilfe dieser Kennzahl können in einer Messreihe Datenwerte ermittelt werden, die vom Normalverlauf (Normalverteilung) abweichen [14, 60]. Hier liegen 68.2 % aller Datenwerte im Bereich von $\pm 1\sigma$, 95.4 % bei $\pm 2\sigma$ und 99.7 % bei $\pm 3\sigma$. Alle Datenwerte die innerhalb von $\pm 3\sigma$ liegen, können als Anomalie angesehen werden. Dies ist zusätzlich durch den Schwellenwertfaktor einstellbar.

4.5.2 Dynamischer Grenzwert

Bei dynamischen Grenzwerten wird für jeden Zeitschritt der Datenreihe ein neuer Datenwert berechnet, wodurch sie eine zeitliche Abhängigkeit zum Datensatz besitzen. Bei den dynamischen Schwellenwerten wird zur Berechnung anstelle des gesamten Vektors der Zeitreihe eine Stichprobe verwendet. Hierbei gilt $q \subset N$. Beim ersten dynamischen Grenzwert handelt es sich um den gleitenden arithmetischen Mittelwert. Die Gleichung ist in Gl. 4.41 dargestellt.

$$\bar{x}_{AMA} = s_f \cdot \frac{1}{q} \sum_{i=j}^{q+j-1} x(i), (j = 1, \ldots, n-q+1) \qquad \text{Gl. 4.41}$$

Mit:

$\overline{x}_{AMA}$ Gleitender arithmetischer Mittelwert

s_f Schwellenwertfaktor

q Stichprobe

Das Ergebnis der Berechnung stellt ein Vektor mit zeitlich abhängigen Mittelwerten dar. Eine weitere Möglichkeit zur Erzeugung eines dynamischen Schwellenwerts ist der gleitende exponentielle Mittelwert $\overline{x}_{EMA}$. Er wird häufig in der technischen Analyse bei Aktienkursen zur Auswertung des Kursverlaufs angewendet. Im direkten Vergleich zum $\overline{x}_{AMA}$ besteht hier eine zeitliche Gewichtung der Datenpunkte. Aktuelle Datenwerte haben einen größeren Einfluss auf das Ergebnis des gleitenden exponentiellen Mittelwerts. Dies bedeutet, dass Änderungen im Signalverlauf direkt sichtbar werden.

$$\overline{x}_{EMA}(n) = x(n) \cdot \frac{2}{q+1} + \left[\overline{x}_{EMA}(n-1) \cdot \left(1 - \frac{2}{q+1} \right) \right] \qquad \text{Gl. 4.42}$$

Mit:

$\overline{x}_{EMA}$ Gleitender exponentieller Mittelwert

q Stichprobe

Alle hier vorgestellten Methoden zur Bestimmung des Fehlerzeitpunkts werden im folgenden Kapitel 5 ausgewertet und validiert. Die Methoden mit einer Vorhersagegenauigkeit (engl. *Accuracy*) von größer 50 % korrekter Trefferquote werden dann in Kapitel 5 in den Ergebnistabellen dargestellt.

4.6 Ergebnis der Modellierung mittels Autoencoder

Die Ergebnisse dieses Abschnitts stellen drei AE-Modelle mit unterschiedlichen Architekturen dar. Bei diesen handelt es sich um einen S-AE, LSTM- und GRU-Autoencoder. Mithilfe des Hyperparametertunings werden sämtliche Parameter an die Aufgabenstellung und Merkmalsvektoren angepasst. Diese Konfiguration kann zur Diagnose weiterer Komponenten am Prüfstand eingesetzt werden. Eine Gegenüberstellung von Fehlerrate und Trainingszeiten der entwickelten Autoencoder ist in Kapitel 4.17 abgebildet. Hierbei werden die jeweils ermittelten finalen Hyperparameter verwendet.

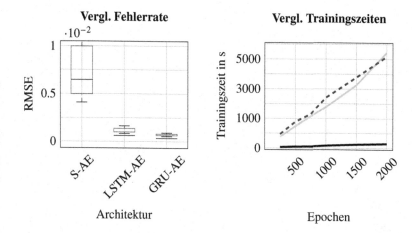

Abbildung 4.17: Vergleich der entwickelten S-AE, LSTM- und GRU-Autoencoder Fehlerrate,sowie Trainingszeiten. Hierbei gilt: S-AE (——), LSTM-AE (——) und GRU-AE (- - -)

Beim S-AE handelt es sich um eine rein vorwärtsgerichtete (engl. *feed-forward*) Neuronenzellstruktur. Die Trainingszeit ist in Relation zu den anderen Modellen gering, wobei die Fehlerrate des Modells im direkten Vergleich höher ist. Zusätzlich muss hier eine Regularisierungsmethode verwendet werden, da sonst ein Störsignal in Form von Rauschen auftreten kann. Im Gegensatz hierzu handelt es sich bei den anderen beiden Architekturen um ein RNN. Der GRU-AE stellt hierbei eine vereinfachte Form der LSTM-Struktur dar. Charakteristisch hierfür ist die im Vergleich höhere Anzahl an benötigten Trainingsepochen, bis sich eine quasistationäre Fehlerrate einstellt. Dies führt zu längeren Trainingszeiten des Modells, was in der Auswertung sichtbar ist. Aufgrund der definierten weichen Anforderungen, dass die Anlernzeit des Modells mit den drei zu diagnostizierenden Komponenten in einer Stunde berechnet werden soll, wird für die RNN-Architekturen eine Epochenzahl von 1000 gewählt.

5 Anwendung und praktischer Nachweis

Abschließend werden die entwickelten Methoden mit dem erhobenen Forschungsdatensatz zur Diagnose von Fehlerursachen validiert. Zunächst werden im folgenden Kapitel die Versuchsdurchführung beschrieben und anschließend die Ergebnisse in Form der Fehlerdetektionsrate mit den bekannten Performance-Metriken ausgewertet. Abschließend werden die ermittelten Ergebnisse in Form eines Fazits zusammengefasst und diskutiert.

5.1 Versuchsbeschreibung

Die Validierung der Fehlerdetektionsrate erfolgt mittels des Forschungsdatensatzes. Zur Auswertung stehen hierzu insgesamt 150 Normal-Zyklus und 45 Fehler-Zyklus-Messungen zur Verfügung. Hierbei ist relevant, bei welcher der drei zu diagnostizierenden Prüfstandsmaschinen der Fehler als erstes detektiert wird, sodass dieser als Verursacher identifiziert werden kann und somit als Fehlerverursacher gilt. Für jede Maschine wird hierzu ein eigenes KI-Modell mit der jeweiligen Messgröße in Form des Luftspaltmomentes trainiert. Basierend auf den Ergebnissen von Kapitel 4.3 ergibt sich zum Anlernen jedes der AE-Modelle eine ideale Anzahl von 10 Normal-Zyklus-Messungen. Mit dieser Datenmenge können die Modelle den Signalverlauf mit geringen Abweichungen abbilden. Der Gesamtablauf wird exemplarisch mit 15 unterschiedlichen Kombinationen an Normal-Zyklen durchgeführt und aufgrund einer zu vernachlässigenden Streuung der Ergebnisse nicht weiter untersucht. Für jeden der validierten Fehler-Zyklen kann nun die Vorhersagequalität anhand der Performance-Metriken aus Kapitel 2.4.3 ermittelt werden. Eine Übersicht zum Ablauf der hier entwickelten Auswertung und Methodik ist in Abbildung 5.1 dargestellt. Diese gliedert sich in Anlehnung an die Hauptkapitel in folgende Kategorien: Erhebung eines allgemeinen Forschungsdatensatzes, Datenvorverarbeitung, Entwicklung und Implementierung der drei zu untersuchenden KI-Modelle und die Auswertung der Fehlerzeitpunkte jeder Maschine durch Einführung eines Anomalie-Scores. Dieser bildet mithilfe von statistischen Mitteln die Schwellenwertmethode. Das Training der Modelle erfolgt hierbei parallel für jede der drei zu diagnostizierenden Komponenten mit den ausgewählten jeweiligen Luftspaltmomenten.

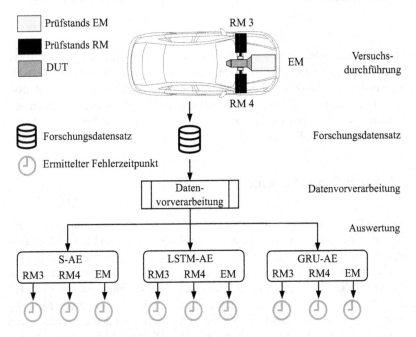

Abbildung 5.1: Übersicht: Vorgehensweise zur Evaluation der Gesamt-ergebnisse

Aufgrund der Drehmoment/Drehzahl-Regelungsart des Prüfstands zur Erstellung des Forschungsdatensatzes kann entweder die EM oder beide RM als Fehlerursache identifiziert werden. Grund ist, dass zur Generierung der Fehler-Zyklen in dieser Regelungsart nur die Achsdrehzahl oder das Drehmoment der EM beeinflusst werden können. Eine RM-selektive Änderung der Drehzahl ist hierbei nicht möglich. Die Validierung wird deshalb auf der Basis von zwei Fehlerursachen dargestellt, der Eintriebsmaschine oder Radmaschinen. Diese Einschränkung ist nur zur Erhebung der synthetisch generierten Fehlermessungen relevant und hat im späteren Betrieb am Prüfstand keinen Einfluss.

Wie in Kapitel 2.4.2 erläutert stehen zur Validierung des angelernten KI-Modells mehrere Möglichkeiten zur Verfügung. Dies ist für die Auswertung und Darstellung der weiteren Ergebnisse relevant. Der Sachverhalt ist in Abbildung 5.2 zusammengefasst.

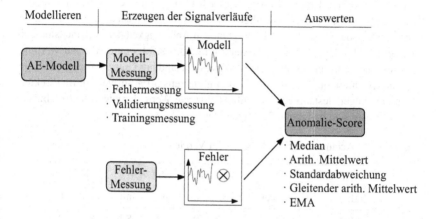

Abbildung 5.2: Übersicht: Auswertung des Anomalie-Scores anhand von unterschiedlichen Modellmessungen. Zunächst findet die Modellierung des Modells statt. Anschließend werden durch Beaufschlagung des AE-Modells mit verschiedenen Messungen Signalverläufe zur Auswertung erzeugt und abschließend ausgewertet.

Die Auswertung des Modells kann mithilfe von Trainings-, Validierungs- und Fehlermessungen erfolgen. Da der Unterschied zwischen den Trainings- und Validierungsdaten im Signalverlauf gering ist, findet im Weiteren keine Unterscheidung statt.

5.2 Retrospektive Fehlerdetektionsrate

Abschließend werden die finalen Ergebnisse der retrospektiven Fehlerdetektionsrate dargestellt. Die Berechnung der Performance findet auf Grundlage der in Kapitel 2.4.3 vorgestellten Kennwerte statt. Zunächst erfolgt die Veranschaulichung der Accuracy basierend auf den jeweiligen Methoden. Anschließend wird der F1-Score für die Methode mit der besten Performance in Abhängigkeit der Prüfstandsmaschinen abgebildet. Die Validierung einer Architektur erfolgt durch die Auswertung des gesamten Forschungsdatensatzes. Dargestellt sind nur Grenzwertmethoden, die in einer Architektur eine Accuracy von mindestens 50 % aufweisen. Im direkten Vergleich liegen deshalb gegebenenfalls einzelne Werte darunter. Die Ergebnisse der Accuracy sind in Tabelle 5.1 abgebildet.

Tabelle 5.1: Accuracy der AE-Modelle im Vergleich.

Methode		S-AE in %		LSTM in %		GRU in %	
Modell	Grenzwert	max	min	max	min	max	min
Fehler	$\bar{x}$	82	75	84	80	84	80
Fehler	σ	57	56	60	59	66	65
Fehler	$\tilde{x}$	65	64	53	51	51	50
Fehler	$\bar{x}_{AMA}$	57	54	55	53	57	55
Val. Messung	$\bar{x}_{AMA}$	60	59	40	39	44	42

Die maximale Accuracy wird durch das Fehlermodell unter Zuhilfenahme des arithmetischen Mittelwerts *Fehler-$\bar{x}$* als Schwellenwertmethode erreicht. Diese Methode erzielt über alle Architekturen die besten Ergebnisse. Bezogen auf die Auswertung des kompletten Datensatzes liegt eine geringe Streuung der Ergebnisse von max. 7 %vor. Es ist weiterhin ersichtlich, dass die Streuung des S-AE im Vergleich zum LSTM- und GRU-AE über alle Methoden größer ausfällt als bei den anderen beiden Architekturen. Die Performance der *Fehler-$\bar{x}_{AMA}$*-Methode erzielt nur beim S-AE zufriedenstellende Ergebnisse. In Tabelle 5.2 ist die Auswertung des F1-Scores der drei Prüfstandsmaschinen abgebildet.

Tabelle 5.2: Ergebnisse F1-Score der Prüfstandsmaschinen

Maschine	S-AE		LSTM		GRU	
	max	min	max	min	max	min
EM	0.86	0.81	0.88	0.84	0.88	84
RM 1 & 2	0.75	0.67	0.79	0.73	0.79	0.73

Ähnlich zur Auswertung der Accuracy erzielen auch hier die Architekturen LSTM und GRU im Vergleich das beste Ergebnis. Auch liegt hier eine geringere Streuung zwischen erreichten min und max-Werten bei der Auswertung des Datensatzes vor. Kritisch hervorzuheben ist allerdings die benötigte Trainingszeit der RNN-Autoencoder. Sie ist deutlich länger als beim S-AE.

5.3 Ergebnisse

Die Auswertung des Forschungsdatensatzes mithilfe der entwickelten AE-Modelle erzielt eine maximale Accuracy von 84 %. Dieser Wert kann sowohl im LSTM als auch GRU-AE durch die *Fehler-$\bar{x}$*-Methodik erreicht werden. Die Ergebnisse des S-AE liegen nur geringfügig unter diesem Wert. Der F1-Score liefert für alle Maschinen Ergebnisse auf hohem Niveau. Ein weiterer positiver Aspekt bei der Auswertung ist, dass die Streuung der Ergebnisse für die RNN-Architekturen über den gesamten Forschungsdatensatz in allen validierten Modellen lediglich im Bereich von 4 % Accuracy liegt. Eine weitere Besonderheit beim Auswerten der Ergebnisse besteht darin, dass die detektierten Fehlerzeitpunkte der Radmaschinen als verursachende Komponente nahe beieinander liegen oder häufig sogar identisch sind.

Um die hier entwickelten Methoden in bestehende Antriebsstrangprüfstände integrieren zu können, ist in Abbildung 5.3 ein Ablaufdiagramm dargestellt. Hier sind eine beispielhafte Implementierung und die Integration der Methoden während einer Erprobung abgebildet.

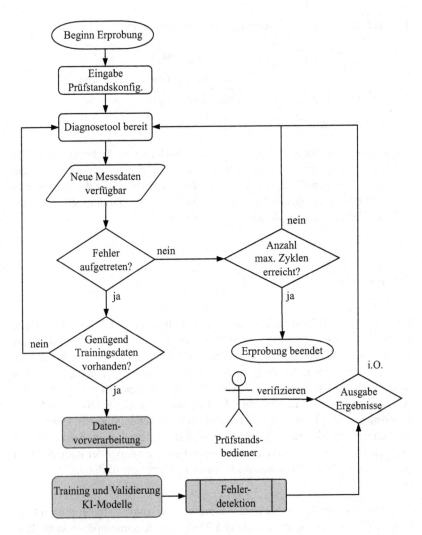

Abbildung 5.3: Ablaufdiagramm retrospektive Diagnose von Fehlerursachen am Antriebsstrangprüfstand. (Der Fokus dieser Dissertation liegt auf den grau hinterlegten Methoden)

Bei den grau hinterlegten Elementen handelt es sich um Methoden, die in dieser Arbeit entwickelt, evaluiert und abschließend validiert werden. Die chronologische Reihenfolge der grau hinterlegten Methoden im Ablaufdiagramm entspricht hierbei der Aufteilung dieser Arbeit. Zunächst findet die Datenvorverarbeitung statt, anschließend werden die KI-Modelle entwickelt und abschließend die Methode zur Fehlerdetektion mithilfe eines Anomalie-Scores angewendet.

Bei der Erhebung des Forschungsdatensatzes sind fünf reale Fehler am Prüfstand aufgetreten. Hierbei lag ein Defekt eines Mainboards der Umrichteranlage einer Prüfstandsmaschine vor. Das Stellmoment dieser Maschine beträgt hierbei für einige Millisekunden 0 Nm und daraufhin schaltet das AuSy aufgrund einer Fehler-Statusmeldung der Umrichteranlage den Prüfstand ab. Die hier entwickelten Methoden waren in der Lage, vier von fünf Fehlern der fehlerhaften Prüfstandsmaschine erfolgreich zuzuordnen und zu detektieren.

6 Zusammenfassung und Ausblick

Die zentrale Fragestellung im Rahmen dieser Arbeit liegt auf der Entwicklung einer KI-basierten Methodik zur retrospektiven Diagnose von Fehlerursachen am Antriebsstrangprüfstand. Abgeleitet von diesem Sachverhalt ergeben sich mehrere Teilaspekte und -ziele.

Zunächst findet hierzu die Erhebung eines repräsentativen Forschungsdatensatzes in der Drehmomenten-/Drehzahlregelung (M/n) am ASP statt. Das Ergebnis stellen 150-Normal-Zyklus- und 45-Fehler-Zyklus-Messungen dar, die auch für weitere Untersuchungen und Forschungsthemen eingesetzt werden können. Als Prüfzyklus wird hierbei der üblicherweise zur Ermittlung von Emissionswerten genutzte WLTC verwendet. Die Erzeugung der Fehlerfälle erfolgt synthetisch durch gezielte Sollwertabweichungen an den Prüfstandsmaschinen. Zur anschließenden Identifikation geeigneter ML-Verfahren zur Detektion von Anomalien in den Zeitreihendaten erfolgt eine umfasende Untersuchung zum Stand der Forschung. Diese ergibt, dass insbesondere Autoencoder-Architekturen für die Fragestellung interessant sind. Infolgedessen findet die Evaluation eines feed-forward- sowie zweier RNN-Autoencoder-Architekturen statt. Hierbei handelt es sich um einen S-AE, LSTM-AE und GRU-AE.

Um die Zeitreihendaten aus dem Forschungsdatensatz in eine für die KI interpretierbare Form zu bringen, findet eine Datenkonvertierung in Form einer Datenvorverarbeitung statt. Hierbei werden die Daten zunächst durch ein Savitzky-Golay-Filter gefiltert und anschließend normiert. Es zeigt sich, dass die einzelnen Zyklen zeitliche Offsets zueinander aufweisen, sodass sie synchronisiert werden müssen. Hierfür erfolgt die Implementierung einer Kreuzkorrelationsfunktion sowie eine Synchronisationsmethode über die euklidische Distanz. Um die Effektivität der ML-Modelle zu erhöhen erfolgt anschließend die Extraktion relevanter Zeitbereiche. Somit muss die KI nicht komplette Messzyklen bis zum Auftritt des Fehlers abbilden, sondern jeweils nur den für die Fehlerermittlung relevanten Zeitbereich.

Nach der Evaluation der Methoden zur Datenvorverarbeitung können die Modelle entwickelt und optimiert werden. Zunächst findet für jede Architektur in Abhängigkeit der verwendeten Hardware-Bibliotheken das Hyperparametertuning statt, um die optimalen Parameter zu identifizieren. Um anschließend die Fehlerzeitpunkte jeder Prüfstandsmaschine zu ermitteln, wird eine Methode zur Detektion der Fehlerzeitpunkte implementiert. Hierzu wird zunächst ein Anomalie-Score eingeführt, der eine Wertedifferenz zwischen Modell und der Fehlermessung darstellt. Die Auswertung der Fehlerzeitpunkte findet anschließend auf Basis des Anomalie-Scores mithilfe von statischen und dynamischen Methoden zur Berechnung von Schwellenwerten statt.

Unter Anwendung des Forschungsdatensatzes kann nachgewiesen werden, dass die hier entwickelten Methoden zur Lösung der zentralen Fragestellung mit einer Accuracy von etwa 84 % umgesetzt werden können. Die Architekturen LSTM und GRU erzielen hierbei die besten Ergebnisse, bei gleichzeitig minimaler Streuung. Die Genauigkeit des S-AE ist hierbei knapp 2 % im Maximum geringer bei gleichzeitig höherer Streuung der Werte. Im direkten Vergleich der Trainingszeiten erzielt der S-AE die besten Ergebnisse. Er ist in der Lage den extrahierten Zeitbereich der Normal-Zyklus-Messungen effizient nachzubilden. Sollen im Gegensatz hierzu größere Zeitbereiche mit einem Modell erlernt werden, sind aufgrund des RNN-Aufbaus die anderen beiden Architekturen geeigneter. Dies könnte bspw. bei der Betrachtung von Temperaturverläufen über einen größeren Zeitraum relevant sein.

Während der Erhebung des Forschungsdatensatzes kam es zusätzlich zu real aufgetretenen Fehlerfällen, bei denen eine der Prüfstandsmaschinen aufgrund eines internen Fehlers kurzzeitig kein Drehmoment stellen konnte, bevor das AuSy den Prüflauf abgebrochen hat. Auch hierbei lag die Accuracy zur Erkennung der korrekten Ursache bei 80%. Durch die im Rahmen dieser Arbeit entwickelten Methoden kann zukünftig die manuelle Fehlersuche in 5 von 6 Fällen entfallen, was eine Zeitersparnis und Produktivitätssteigerung mit sich bringt.

Im Ergebnis kann die hier dargestellte Methode zur Steigerung der Effektivität an Antriebsstrangprüfständen implementiert werden. Durch den Einsatz des S-AE kann die fehlerverursachende Komponente innerhalb weniger Minuten mit einer Genauigkeit von ca. 80 % identifiziert werden. Dies erspart die zeitaufwändige manuelle Fehlersuche durch den Prüfstandsbediener. Der Vorteil ist zusätzlich, dass die Effizienz der Fehleranalyse nicht von der Erfahrung des Prüfstandspersonals abhängig ist.

Zur Verwendung der hier dargestellten Methodik, muss die Auswertung basierend auf weiteren Messgrößen untersucht werden. Hierzu zählen beispielsweise Temperaturen, Körperschallsignale und elektrische Größen der Batteriesimulation. Um zusätzlich die Messgrößen der Fahrzeugsteuergeräte auswerten zu können, muss eine Methodik zur Gewährleistung der Synchronizität verteilter Systeme entwickelt werden. Die Übertragung der Daten findet üblicherweise über eine CAN-Schnittstelle zwischen DUT und Prüfstand statt. Hier kommt es zu einer zeitlichen Latenz der Daten, die unbedingt korrigiert werden muss.

Literaturverzeichnis

[1] AGGARWAL, C.C.: *Neural Networks and Deep Learning.* Springer Cham, 2018. – ISBN 978-3-319-94462-3

[2] AGRAWAL, T.: *Hyperparameter Optimization in Machine Learning, Make Your Machine Learning and Deep Learning Models More Efficient.* Apress, Springer Science and Business Media, 2021. – ISBN 978-1-4842-6579-6

[3] AKKAYA, F.: *Fehleranalyse und Auswertung von Prüfstandsabschaltungenbei konventionellen und hybriden Antriebsträngen*, Universität Stuttgart, Institut für Konstruktionstechnik und Technisches Design (IKTD), Studienarbeit, 2012

[4] AKKAYA, F.; KLOS, W.; HAFFKE, G.; REUSS, H.-C.: Ganzheitliche Erprobungsstrategie amBeispiel eines elektrischen Antriebsstrangsfür batterieelektrische Fahrzeuge. In: *ATZelektronik* (2018), Nr. 13, S. 64–69

[5] ALBERS, S.; KLAPPER, D.; KONRADT, U.; WALTER, A.; WOLF, J.: *Methodik der empirischen Forschung.* Gabler I GWV Fachverlage GmbH, Wiesbaden, 2009. – ISBN 978-3-8349-1703-4

[6] ALFES, S.: *Modell- und signalbasierte Fehlerdiagnoseeines automatisierten Nutzfahrzeuggetriebesfür den Off-Board und On-Board Einsatz*, Technischen Universität Darmstadt, Dissertation, 2016

[7] ANDONIE, R.: Hyperparameter optimization in learning systems. In: *Journal of Membrane Computing* 1 (2019), S. 279–291

[8] APPLEYARD, J.; KOCISKY, T.; BLUNSOM, P.: Optimizing Performance of Recurrent Neural Networks on GPUs. In: *arXiv* (2016)

[9] ARELLANO-ESPITIA, F.; DELGADO-PRIETO, M.; MARTINEZ-VIOL, V.; SAUCEDO-DORANTES, J. J.; OSORNIO-RIOS, R. A.: Deep-Learning-Based Methodology for Fault Diagnosis in Electromechanical Systems. In: *Sensors* 20 (2020), Nr. 14. – ISSN 1424-8220

© Der/die Herausgeber bzw. der/die Autor(en), exklusiv lizenziert an Springer Fachmedien Wiesbaden GmbH, ein Teil von Springer Nature 2024
A. Krätschmer, *Retrospektive Diagnose von Fehlerursachen an Antriebsstrangprüfständen mithilfe künstlicher Intelligenz,*
Wissenschaftliche Reihe Fahrzeugtechnik Universität Stuttgart,
https://doi.org/10.1007/978-3-658-44004-6

[10] ASSENDORP, Jan P.: *Deep learning for anomaly detectionin multivariate time series data*, Hochschule für Angewandte Wissenschaft Hamburg, Fakultät Technik und Informatik, Masterarbeit, 2017

[11] BAKHTAWAR SHAH, M.: Anomaly detection in electricity demand time series data. In: *KTH Royal Institute of Technology, Stockholm* (2019)

[12] BAMPOULA, X.; SIATERLIS, G.; NIKOLAKIS, N.; ALEXOPOULOS, K: A Deep Learning Model for Predictive Maintenance inCyber-Physical Production Systems Using LSTM Autoencoders. In: *Sensors, Basel* 21 (2021), Nr. 3

[13] BARBA-GUAMAN, L.; EUGENIO NARANJO, J.; ORTIZ, A.: Deep Learning Framework for Vehicle and Pedestrian Detection in Rural Roads on an Embedded GPU. In: *Electronics* 9 (2020), Nr. 4

[14] BAROT, M.; HROMKOVIČ, J.: *Stochastik 2, Von der Standardabweichung bis zur Beurteilenden Statistik*. Birkhäuser Cham, 2020. – ISBN 978-3-030-45553-8

[15] BASORA, L. ; BRY, P. ; OLIVE, X. ; FREEMAN F.: Aircraft Fleet Health Monitoring with AnomalyDetection Techniques. In: *Aerospace 8(4)* (2021). – ISSN 2226-4310

[16] BENEDENS, T.: *Vergleich von Hyperparameter-Optimierungsmethoden anhand eines neuronalen Wank- und Nickwinkelschätzers*, Universität Duisburg-Essen, Fakultät für Ingenieurwissenschaften Lehrstuhl Mechatronik, Bachelorarbeit, 2019

[17] BI, Z.; YANG, Y.; DU, M.; YU, X.; HE, Q.; PENG, Z.: Hypersphere Data Description Method for Drivetrain Component Abnormal Detection and Fault Tracing. In: *2022 International Conference on Sensing, Measurement and Data Analytics in the era of Artificial Intelligence (ICSMD), Harbin, China* (2022), S. 1–7

[18] BOGUSLAW, C.: *Object Detection and Recognition in Digital Images: Theory and Practice*. John Wiley and Sons, 2013. – ISBN 9781118618363

[19] BORGEEST, K.: *Messtechnik und Prüfstände für Verbrennungsmotoren : Messungen am Motor, Abgasanalytik, Prüfstände und Medienversorgung*. Springer Vieweg Wiesbaden, 2020. – ISBN 978-3-658-29105-1

[20] Böhm, M.; Stegmaier, N.; Baumann, G.; Reuss, H.-C.: Der Neue Antriebsstrang und Hybrid-Prüfstand der Universität Stuttgart. In: *MTZ- Motortechnische Zeitschrift* 72 (2011), S. 698 – 701

[21] Chandola, V.; Banerjee, A.; Kumar, V.: Anomaly Detection: A Survey. In: *ACM Computing Surveys* (2009)

[22] Chang, L.: *Entwicklung, Training und Validierung von Machine Learning Modellen für uni- und multivariate Messdaten*, Universität Stuttgart, Institut für Fahrzeugtechnik Stuttgart, Studienarbeit, 2022

[23] Chauhan, N. K.; Singh, K.: Performance Assessment of Machine Learning Classifiers Using Selective Feature Approaches for Cervical Cancer Detection. In: *Wireless Personal Communications* 124 (2022), S. 2335–2366

[24] Chen, D.; Wang, H.; Zhong, M.: A Short-term Traffic Flow Prediction Model Based on AutoEncoder and GRU. In: *12th International Conference on Advanced Computational Intelligence (ICACI), Dali, China* (2020), S. 550–557. – ISSN 2573-3311

[25] Chicco, D.; Jurman, G.: The advantages of the Matthews correlation coefficient (MCC) over F1 score and accuracy in binary classification evaluation. In: *BMC Genomics* 21 (2020), Nr. 6

[26] Cho, K.; Van Merrienboer, B.; Gulcehre, C.; Bahdanau, D.; Bougares, F.; Schwenk, H.; Bengio, Y.: Learning Phrase Representations using RNN Encoder–Decoderfor Statistical Machine Translation. In: *arXiv* (2014)

[27] Clever, S.: Modellgestützte Fehlererkennung und Diagnose für Common-Rail-Einspritzsysteme. In: *Vieweg+Teubner* (2010), S. 426–454

[28] Deichmann, N.: *Einführung in die ZeitreihenanalyseTeil 1*, ETH Zürich, Institut für Geopyhsik, Vorlesungsskript, 2012

[29] Dismon, H.: „Wir sind gefordert, Entwicklungen schnell und treffsicher umzusetzen". In: *Springer Fachmedien Wiesbaden, MTZextra 22* (2017), S. 8–11

[30] Doppelbauer, M.: *Grundlagen der Elektromobilität*. Springer Vieweg Wiesbaden, 2020

[31] ECKSTEIN, C.: *Ermittlung repräsentativer Lastkollektivezur Betriebsfestigkeit von Ackerschleppern*, Universität Kaiserslautern, Fachbereich Maschinenbau und Verfahrenstechnik, Dissertation, 2017

[32] EDER, T.: Frontloading in der Antriebsstrangentwicklung. In: *MTZ Motortech* (2015), Nr. 76, S. 82

[33] EDGEWORTH, F. Y.: XLI. On discordant observations. In: *The London,Edinburgh, and Dublin Philosophical Magazine and Journal of Science* 23 (1887), Nr. 143, S. 364–375

[34] ERTEL W.: *Grundkurs Künstliche Intelligenz*. Springer Vieweg Wiesbaden, 2021. – ISBN 978-3-658-32075-1

[35] FERNANDO, T.; GAMMULLE, H.; DENMAN, S.; SRIDHARAN, S.; FOOKES, C.: Deep Learning for Medical Anomaly Detection – A Survey. In: *ACM Computing Surveys* 54 (2021), Nr. 7, S. 1–37

[36] FISCHER, R.: *Elektrische Maschinen*. HANSER, 2013 (16., aktualisierte Auflage). – ISBN 978-3-446-43813-2

[37] FLOHR, A.: *Konzept und Umsetzung einer Online-Messdatendiagnosean Motorenprüfständen*, TU Darmstadt, Fachbereich Maschinnenbau, Dissertation, 2005

[38] FRIEDMANN, M.; KOLLMEIER, HP.; GINDELE, J.; SCHMID, J. M.: Synthetische Fahrzyklen im Triebstrangerprobungsprozess. In: *ATZ Automobiltech* 117 (2015), S. 70–75

[39] FROCHTE, J.: *Maschinelles Lernen - Grundlagen und Algorithmen in Python*. HANSER, 2021. – ISBN 978-3-446-46144-4

[40] GERON, A.: *Hands-On Machine Learning with Scikit-Learn and TensorFlow*. O'Reilly Media, Inc., 2017. – ISBN 9781491962299

[41] GOODFELLOW, I.; BENGIO, Y.; COURVILLE, A.: *Deep Learning - Das umfassende Handbuch*. mitp, 2018. – ISBN 9783958457027

[42] GUO, Y.; LIAO, W.; WANG, Q.; YU, L.; JI, T.; LI, P.: Multidimensional Time Series Anomaly Detection: AGRU-based Gaussian Mixture Variational AutoencoderApproach. In: *Proceedings of The 10th Asian Conference on Machine Learning* 95 (2018), S. 97–112

[43] HAACK, B.; TIPPE, U.; STOBERNACK, M.; WENDLER, T.: *Mathematik für Wirtschaftswissenschaftler -Intuitiv und praxisnah.* Springer Verlag Berlin Heidelberg, 2017. – ISBN 978-3-642-55175-8

[44] HADRAOUI, H. EL.; LAAYATI, O.; GUENNOUNI, N.; CHEBAK, A.; ZEGRARI,M.: A data-driven Model for Fault Diagnosis of Induction Motor for Electric Powertrain. In: *IEEE 21st Mediterranean Electrotechnical Conference (MELECON), Palermo,* (2022), S. 336–341

[45] HAIBACH, E.: *Verfahren und Daten zur Bauteilberechnung.* Springer-Verlag Berlin Heidelberg, 2006. – ISBN 978-3-540-29364-4

[46] HILGERS, RD.; HEUSSEN, N.; STANZEL, S.: Binomialverteilung. In: *Springer, Berlin, Heidelberg* (2019). – ISSN 978-3-662-48986-4

[47] HIRSCHLE, J.: *Machine Learning für Zeitreihen, Einstieg in Regressions-, ARIMA- und Deep-Learning-Verfahren mit Python.* HANSER, 2021. – ISBN 978-3-446-46726-2

[48] HOCHREITER, S.; SCHMIDHUBER, , J.: Long Short-term Memory. In: *Neural computation* 9 (1997), S. 1735–1780

[49] HUTTER, F.; HOOS, H.; LEYTON-BROWN, K.: An Efficient Approach for Assessing Hyperparameter Importance. In: *Proceedings of the 31st International Conference on Machine Learning, PMLR* 32 (2014), Nr. 1, S. 754*762

[50] HUTTER, F.; KOTTHOFF, L.; VANSCHOREN, J.: *Automated Machine Learning - Methods, Systems, Challenges.* Springer Nature Switzerland AG, 2019. – ISBN 978-3-030-05318-5

[51] HÖNICKE, S.; WITTWER, K.-F.; LIEBOLD, J.: Back-to-Back-Prüfung von Elektromotoren. In: *MTZextra* 27 (2022), S. 18–23

[52] IRMSCHER, C.; KOCH, S.; DANIEL, C.; WOSCHKE, E.: Radlastmessung an einem Elektrofahrzeug bei verschiedenen Fahrbahnbelägen inklusive Sonder-und Missbrauchsereignissen. In: *13. Magdeburger Maschinenbau-Tage 2017* (2017)

[53] ISERMANN, R.: *Fault-Diagnosis Systems - An Introduction from Fault Detection to Fault Tolerance.* Springer Berlin, Heidelberg, 2006. – ISBN 978-3-540-30368-8

[54] ISERMANN, R.: Modellbasierte Überwachung und Fehlerdiagnose von kon-
     tinuierlichentechnischen Prozessen - Eine kurze Zusammenfassung von
     erprobten Methoden mit Anwendungsbeispielen. In: *at - Automatisierungs-*
     technikMethoden und Anwendungen der Steuerungs-, Regelungs- und Infor-
     mationstechnik 58 (2010), Nr. 6, S. 291–305

[55] JANNSEN, N. ; KALLWEIT, M.: Auswirkungen des neuen WLTP-Prüfverfahrens,
     Wirtschaftsdienst. In: *Springer, Heidelberg* (2018)

[56] KAWAGUCHI, Y.; ENDO, T.: How can we detect anomalies from subsampled
     audio signals? In: *IEEE 27th International Workshop on Machine Learning*
     for Signal Processing (MLSP), Tokyo (2017)

[57] KIENCKE, U.; EGER, R.: *Messtechnik - Systemtheorie für Elektrotechniker.*
     Springer-Verlag Berlin Heidelberg, 2008. – ISBN 978-3-540-78428-9

[58] KLEPPER, S.: *Continuous Research and Development - Scientific Research as*
     Decision Supportfor Continuous Software Engineeringin Domains with High
     Uncertainty, TUM School of Computation, Information and Technology,
     Dissertation, 2022

[59] KO, B.; KIM, H. -G.; CHOI, H. -J.: Controlled dropout: A different dropout for
     improving training speed on deep neural network. In: *IEEE International*
     Conference on Systems, Man, and Cybernetics (SMC) (2017), S. 972–977

[60] KOHN, W.; ÖZTÜRK, R.: *Statistik für Ökonomen.* Springer-Verlag Berlin
     Heidelberg, 2010. – ISBN 978-3-642-14584-1

[61] KOSFELD, R.; ECKEY, HF.; TÜRCK, M.: *Spezielle diskrete Wahrscheinlichkeits-*
     verteilungen. Springer Gabler, Wiesbaden, 2019. – ISBN 978-3-658-28713-9

[62] KRAUSE, D.; GEBHARDT, N.: Effects on Product Development Processes and
     Future Trends. In: Methodical Development of Modular Product Families.
     In: *Springer, Berlin, Heidelberg* (2023)

[63] KREUTZER, R. T.; MARIE SIRRENBERG: *Künstliche Intelligenz verstehen.* Sprin-
     ger Gabler Wiesbaden, 2019. – ISBN 978-3-658-25561-9

[64] KRUSE, R.; BORGELT, C.; BRAUNE, C.; KLAWONN, F.; MOEWES, C.; STEINBRECHER,
     M.: *Computational Intelligence - Eine methodische Einführung in Künstliche*

Neuronale Netze, Evolutionäre Algorithmen, Fuzzy-Systeme und Bayes-Netze.
2. Springer Vieweg Wiesbaden, 2015

[65] KRÄTSCHMER, A. ; LUTCHEN, R. ; REUSS, H.-C.: AI-Based Diagnostic Tool
for Offline Evaluation of Measurement Data on Test Benches. In: *21. Internationales Stuttgarter Symposium. Springer Vieweg, Wiesbaden* (2021),
S. 203–214

[66] KUCHAIEV, O.; GINSBURG, B.: Training Deep AutoEncoders for Collaborative
Filtering. In: *arXiv* (2017)

[67] LEYENDECKER, B.; PÖTTERS, P.: *Werkzeuge für das Projekt- und Prozessmanagement.- Klassische und moderne Instrumente für den Management-Alltag.* Springer Gabler, Wiesbaden, 2022. – ISBN 978-3-658-34724-6

[68] LI, X.; YUAN, A.; LU, X.: Multi-modal gated recurrent units for image
description. In: *Multimed Tools Appl* 77 (2018), S. 29847–29869

[69] LI, Z.; LI, J.; WANG, Y.; WANG, K.: A deep learning approach for anomaly
detection based on SAEand LSTM in mechanical equipment. In: *The International Journal of Advanced Manufacturing Technology, Springer-Verlag,
London* (2019)

[70] LIN, S.; CLARK, R.; BIRKE, R.; SCHÖNBORN, S.; TRIGONI, N.; ROBERTS,S.: Anomaly Detection for Time Series Using VAE-LSTM Hybrid Model. In: *2020
IEEE International Conference on Acoustics, Speech and Signal Processing
(ICASSP)* (2020), S. 4322–4326

[71] LIU, S.; YANG, B.; WANG, Y.; TIAN, J.; YIN, L.; ZHENG, W.: 2D/3D Multimode
Medical Image Registration Based on Normalized Cross-Correlation. In:
Applied Sciences 12, Iss. 6 (2022)

[72] LOU, L.: *Analyse, Aufbereitung und Verarbeitung von Messdaten für die Verwendung von künstlicher Intelligenz im Umfeld des Antriebsstrangprüfstands,*
Universität Stuttgart, Institut für Fahrzeugtechnik Stuttgart, Studienarbeit,
2021

[73] LU, B.; FU, L.; NIE, B.; PENG, Z.; LIU, H: A Novel Framework with High
Diagnostic Sensitivity for Lung Cancer Detection by Electronic Nose. In:
Sensors, Basel 19 (2019), Nr. 23

[74] Lu, B.; Xu,S.; Stuber, J.; Edgar, Th.: Constrained selective dynamic time warping of trajectories in three dimensional batch data. In: *Chemometrics and Intelligent Laboratory Systems* 159 (2016), S. 138–150

[75] Lu, Y.-W.; Hsu, C.-Y.; Huang, K.-C: An Autoencoder Gated Recurrent Unit for Remaining Useful Life Prediction. In: *Processes 2020, 8, 1155* (2020)

[76] Lucan, K.: *Methodische Ermittlungvon repräsentativen Lastkollektivenam Beispiel der Nutzfahrzeugbremse*, Universität Stuttgart, Institut für Maschinenelemente, Dissertation, 2021

[77] Lunze, J.: *Regelungstechnik 2 - Mehrgrößensysteme, Digitale Regelung.* Springer Vieweg, 2014. – ISBN 978-3-642-53943-5

[78] Lämmel, U.; Cleve, J.: *Künstliche Intelligenz - Wissensverarbeitung – Neuronale Netze.* HANSER, 2020. – ISBN 978-3-446-45914-4

[79] Malhotra, P.; Ramakrishnan, A.; Anand, G.; Vig, L.; Agarwal, P.; Shroff, G.: LSTM-based Encoder-Decoder for Multi-sensor Anomaly Detection. In: *arXiv* (2016)

[80] Melzer, A.: *Six Sigma - kompakt und praxisnah Prozessverbesserung effizient und erfolgreich implementieren.* Springer Gabler Wiesbaden, 2019. – ISBN 978-3-658-23755-4

[81] Meyer, M.: *Signalverarbeitung - Analoge und digitale Signale,Systeme und Filter.* Springer Vieweg, Wiesbaden, 2014. – ISBN 978-3-658-02612-7

[82] Moradi, R.; Berangi, R.; Minaei, B.: A survey of regularization strategies for deep models. In: *Artificial Intelligence Review* 53 (2020), S. 3947–3986

[83] Neufeld, D.; Schmid. U.: Anomaly Detection for Hydraulic Systems under Test. In: *IEEE International Conference on Emerging Technologies and Factory Automation (ETFA)* 26 (2021), S. 1–8

[84] Neumann, C.; Jacob, D.; Burhenne, S.; Florita, A.; Burger, E.; Schmidt, F.; Réhault, N.: Modellbasierte Methoden für die Fehlererkennung und Optimierung im Gebäudebetrieb Endbericht / Fraunhofer Institute for Solar Energy Systems ISE. 2011. – Forschungsbericht

[85] Ness, W.; Raggl, K.: E-Motortypen für sekundäre Elektroantriebe im Vergleich. In: *MTZ- Motortechnische Zeitschrift* 83 (2022), S. 40–45

[86] NGUYEN, H. D.; TRAN, K. P.; THOMASSEY, S.; HAMAD, M.: Forecasting and Anomaly Detection approaches using LSTM and LSTM Autoencoder techniques with the applications in supply chain management. In: *International Journal of Information Management, Vol. 57* (2020). – ISSN 0268-4012

[87] NOBIS, C.; KUHNIMHOF, T.: Mobilität in Deutschland. In: *MiD Ergebnisbericht.Studie von infas, DLR, IVT und infas 360 im Auftrag des Bundesministers für Verkehr und digitale Infrastruktur (FE-Nr. 70.904/15* (2018)

[88] NVIDIA: NVIDIA cuDNNAPI Reference, NVIDIA Docs, PR-09702-001 v8.5.0 / NVIDIA. 08/2022. – PR-09702-001 v8.5.0

[89] OMRI, A.; SHAQFEH, M.; ABDELMOHSEN, A.; ALNUWEIRI, H.: Synchronization Procedure in 5G NR Systems. In: *IEEE Access* 7 (2019)

[90] OPPENHEIM, A. V.; SCHAFER, R. W.; BURCK, J. R.: *Discrete Time Signal Processing.2nd edition.* Prentice-Hall, Inc, 1999

[91] OTT, T.: Anomalie-Erkennung mit Machine Learning, Warum nicht jeder Ausreißer ein Ausreißer ist. In: *BI-Spektrum, SIGS DATACOM GmbH, Publikation des TDWI e.V. , Troisdorf* 2 (2018). – ISSN 1862-5789

[92] OTTE, R.: *Künstliche Intelligenz für dummies.* Wiley, Wiley-VCH Verlag GmbH, 2023. – ISBN 978-3-527-72099-6

[93] PAESSLER, K.: *Merkmalsanalyse realer Messdaten und Entwicklung einer KI-basierten Methode zur effizienten Fehlerdiagnose an Antriebsstrangprüfständen*, Universität Stuttgart, Institut für Fahrzeugtechnik Stuttgart, Masterarbeit, 2021

[94] PAPARRIZOS, J.; BONIOL, P.; PALPANAS, T.; TSAY, R.; ELMORE, A.; FRANKLIN, M.: Volume under the surface: a new accuracy evaluation measure for time-series anomaly detection. In: *Proceedings of the VLDB Endowment* 15 (2022), Nr. 11, S. 2774–2787

[95] PARK P, MARCO PD, SHIN H, BANG J. FAULT: Fault Detection and Diagnosis Using CombinedAutoencoder and Long Short-Term Memory Network. In: *Sensors, Basel* (2019)

[96] PARVAT, A.; CHAVAN, J.; KADAM, S.; DEV, S.; PATHAK,V.: A survey of deep-learning frameworks. In: *2017 International Conference on Inventive Systems and Control (ICISC)* (2017)

[97] PAULWEBER, M.; LEBERT, K.: *Mess- und Prüfstandstechnik. Antriebsstrangentwicklung -Hybridisierung - Elektrifizierung.* Springer Vieweg, Wiesbaden, 2014. – ISBN 978-3-658-04453-4

[98] PICKERT, N.; YUAN, CH.: Machine Learning für die Temperaturermittlung eines Permanentmagnet-Synchronmotors. In: *Echtzeit 2021, Springer Vieweg Wiesbaden* (2022), S. 113–121. – ISSN 1431-472X

[99] PRAKASH, V. S.; BUSHRA, S. N.; SUBRAMANIAN, N.; INDUMATHY, D.; MARY, S. A. L.; THIAGARAJAN, R.: Random forest regression with hyper parametertuning for medical insurance premiumprediction. In: *International Journal of Health Sciences* 6 (2022), S. 7093–7101

[100] PROBST, P.; BOULESTEIX, A.-L.; BISCHL, B.: Tunability: Importance of Hyperparameters of MachineLearning Algorithms. In: *arXiv* (2018)

[101] QIU, Y.; ZHENG, H.; GAVAERT, O.: A deep learning framework for imputing missing values ingenomic data. In: *bioRxiv* (2018)

[102] RASHID, T., ÜBERSETZUNG VON LANGENAU, F.: *Neuronale Netze selbst programmieren- Ein verständlicher Einstieg mit Python.* O'REILLY Heidelberg, 2017. – ISBN 978-3-96009-043-4

[103] RICH E., : Artificial Intelligence. In: *McGraw-Hill, New York* (1983)

[104] RUNKLER, T.A.: *Data Mining - Modelle und Algorithmen intelligenter Datananalyse.* Springer Vieweg, München, 2010. – ISBN 978-3-8348-1694-8

[105] SAMAK, C.; SAMAK, T.; KROVI, V.: Towards Mechatronics Approach of System Design, Verification and Validation for Autonomous Vehicles. In: *arXiv* (2023)

[106] SAVITZKY, A.; GOLAY M. J. E.: Smoothing and Differentiation of Data by Simplified Least Squares Procedures. In: *Analytical Chemistry. Band 36, Nr. 8, S. 1627–1639* (1964)

[107] SCHENK, M.: *Adaptives Prüfstandsverhalten in der PKW-Antriebsstrang-erprobung*, Universität Stuttgart, Institut für Maschinenelemente, Dissertation, 2017

[108] SCHENK, M.; KLOS, W.; KARTHAUS, C.; BINZ, H.; BERTSCHE, B.: Effizienz-steigerung bei der Antriebsstrangerprobung durch Einsatz moderner Er-probungsmethoden und Optimierung der Fehleranalyse. In: *VDI-Berichte 2169, Berechnung, Simulation und Erprobung Im Fahrzeugbau* 16 (2012), S. 429–440

[109] SCHMID, M.; RATH, D.; DIEBOLD, U.: Why and How Savitzky–Golay Filters Should Be Replaced. In: *ACS Measurement Science* (2022)

[110] SCHRÖDER, D.; MARQUARDT, R.: *Leistungselektronische Schaltungen - Funkti-on, Auslegung und Anwendung*. Springer Verlag Berlin Heidelberg, 2019. – ISBN 978-3-662-55324-4

[111] SCHWAMEDER, H.: *Bewegung, Training,Leistung und Gesundheit - Handbuch Sport und Sportwissenschaft*. Springer-Verlag Berlin Heidelberg, 2023. – ISBN 978-3-662-53410-6

[112] SCHÄFER, R. W.: What Is a Savitzky-Golay Filter? In: *IEEE Signal Processing Magazine, vol. 28, no. 4, S. 111-117* (2011)

[113] SCIUTO, M., HELLMUND, R.: "Road to Rig" — Simulationskonzept an Powertrain-Prüfständen in der Getriebeerprobung. In: *ATZ Automobiltech* (2001), Nr. 103, S. 298–307

[114] SEIFFERT, U.; REINER, G.: *Virtuelle Produktentstehung für Fahrzeug und Antrieb*. Vieweg+Teubner, 2008. – ISBN 978-3-8348-0345-0

[115] SHIPMON, D.; GUREVITCH, J.; PISELLI, P.M.; EDWARDS, S.: Time Series Anomaly Detection; Detection of anomalous drops with limited features and sparse examples in noisy highly periodic data. In: *arXiv* (2017)

[116] SMAGULOVA, K.; JAMES, A.P.: A survey on LSTM memristive neural network architectures and applications. In: *Eur. Phys. J. Special Topics* 228 (2019), S. 2313–2324

[117] STECK, M.; GWOSCH, T.; MATTHIESEN, S.: Scaling of Rotational Quantities for Simultaneous Testing of Powertrain Subsystems with Different Scaling on a X-in-the-Loop Test Bench. In: *Mechatronics* 71 (2020). – ISSN 0957-4158

[118] STEGMAIER, N.: *Regelung von Antriebsstrangprüfständen*, Lehrstuhl für Kraftfahrzeugmechatronik, Universität Stuttgart, Dissertation, 2018

[119] STÜTZ, J.; BAUER, L.; KLEY, M.: Intelligente Lastkollektivoptimierung für Erprobungen von elektrischen undhybriden Antriebssträngen. In: *Stuttgarter Symposium Für Produktentwicklung SSP* (2019)

[120] SU, Y.; KUO, C.-C.: Recurrent Neural Networks and Their Memory Behavior: A Survey. In: *APSIPA Transactions on Signal and Information Processing* 11 (2022)

[121] TILAK, G.; VENKATA SUBBARAO, G.; KUMAR, A.; SANKAR, K.; SHARANYA, V.S.N.S.: Deep Autoencoder for Automatic Defect Detection in Thermal Wave Imaging. In: *Journal of Green Engineering* 10 (2020), S. 13107–13118

[122] TIMOFEJEVA, I.; MCCRATY, R.; ATKINSON, M.; ALABDULGADER, A.A.; VAINORAS, A.; LANDAUSKAS, M.; ŠIAUČIŪNAITĖ, V.; RAGULSKIS, M.: Global Study of Human Heart Rhythm Synchronization with the Earth's Time Varying Magnetic Field. In: *Applied Sciences* 11 (2021), Nr. 7:2935

[123] TREPEL, M.: *Neuroanatomie: Struktur und Funktion*. Urban und Fischer Verlag/Elsevier GmbH, 2021. – ISBN 978-3437412899

[124] TRITSCHEL, F.F.; MARKOWSKI, J.; PENNER, N.; ROLFES, R.; LOHAUS, L.; HAIST, M.: KI-gestützte Qualitätssicherung für die Fließfertigung von UHFB-Stabelementen. Beton- und Stahlbetonbau. In: *Beton- und Stahlbetonbau, John Wiley & Sons, Ltd* 116 (2021). – ISSN 0005-9900

[125] TUTUIANU, M.; MAROTTA, A.; STEVEN, H.; ERICSSON, E., HANIU, T.; ICHIKAWA, N.; ISHII, H.: Development of a World-wide Worldwide harmonizedLight duty driving Test Cycle (WLTC) / UN/ECE/WP.29/GRPE/WLTP-IG; DHC subgroup. 2013. – techreport

[126] UZAIR, M.; JAMIL, N.: Effects of Hidden Layers on the Efficiency of Neural-networks. In: *IEEE 23rd International Multitopic Conference (INMIC), Bahawalpur, Pakistan* (2020), S. 1–6

[127] WEIDLER, A.: *Ermittlung von Raffungsfaktoren für die Getriebeerprobung*, Universität Stuttgart, Institut für Maschinenelemente, Dissertation, 2005

[128] WEIGT, G.: *Literaturrecherche Einsatz künstlicher Intelligenz im Prüfstandsumfeld*, Universität Stuttgart, Institut für Fahrzeugtechnik Stuttgart, Studienarbeit, 2021

[129] WU, J.; CHEN, X.-Y.; ZHANG, H.; XIONG, L.-D.; LEI, H.; DENG, S.-H.: Hyperparameter Optimization for Machine LearningModels Based on Bayesian Optimization. In: *JOURNAL OF ELECTRONIC SCIENCE AND TECHNOLOGY* 17 (2019), Nr. 1

[130] WU, L.; KONG, CH.; HAO, X.; CHEN, W.: A Short-Term Load Forecasting Method Based on GRU-CNNHybrid Neural Network Model. In: *Hindawi - Mathematical Problems in Engineering, Article-ID 428104*, 2020 (2020)

[131] YAEL, D.; BAR-GAD, I.: Filter based phase distortions in extracellularspikes. In: *PLoS One* (2017)

[132] YAN, W. ; YU, L.: On Accurate and Reliable Anomaly Detection for Gas TurbineCombustors: A Deep Learning Approach. In: *arXiv* (2019)

[133] YUN, H.; KIM, H.; JEONG, Y.H.; JUN, M.B.G.: Autoencoder-based anomaly detection of industrial robot arm usingstethoscope based internal sound sensor. In: *Journal of Intelligent Manufacturing* (2021)

[134] ZABALZA, J.; REN,J.; ZHENG, J.; ZHAO, H.; QING, C.; YANG, Z.; DU, P.; MARSHALL,S.: Novel segmented stacked autoencoder for effective dimensionality reduction and feature extraction in hyperspectral imaging. In: *Neurocomputing* 185 (2016), S. 1–10

[135] ZHANG, Y.; AI, Q.; WANG H.; LI, Z.; ZHOU, X.: Energy theft detection in an edge data center using threshold-based abnormality detector. In: *International Journal of Electrical Power and Energy Systems* 121 (2020). – ISSN 0142-0615

Glossar

Bernoulli-Prozess	Stellt einen Zufallsvorgang dar, bei dem nur zwei komplementäre Versuchsausgänge auftreten können. Der Bernoulli-Prozess bildet hierbei die Grundlage für die Bernoulli-Verteilung [61].
Binomial-verteilung	Stellt einen Bernoulli-Prozess dar und charakterisiert die Wahrscheinlichkeitsverteilung der Erfolge in n unabhängigen Experimenten [46].
EtherCAT	Ethernet basiertes Übertragungsprotokoll der Firma Beckhoff Automation. Hierbei handelt es sich um ein echtzeitfähiges Protokoll im Bereich der Automatisierungstechnik.
Fehler-Zyklus	Messung eines Zyklus mit aufgetretener Grenzwertverletzung eines Messsignals, wodurch der Prüfstand den Prüflauf abbricht und eine automatisierte Stillsetzung vornimmt. Charakterisierend ist hierbei, dass die Messung bis zum Auftreten des Fehlers einem Normal-Zyklus entspricht.
Frequenz-multiplex	Aufteilung eines Signals mit unterschiedlichen Frequenzanteilen in einzelne Frequenzbänder.
Hyper-parameter-tuning	Ermittlung und Anpassung der idealen Modellparameter für das zu entwickelnde ML-Netzwerk.
Klassier-verfahren	Einteilung einer Größe in unterschiedliche Klassen. Beispiel: Einteilung der Belastungs-Zeit-Funktion in Lastkollektive.
Least squares Verfahren	Approximation von Datenpunkten durch eine Funktion. Das Ziel ist hierbei, dass der Abstand zwischen Datenpunkt und Funktion möglichst gering ausfällt.
Massen-trägheits-moment	Das Massenträgheitsmoment beschreibt die Trägheit eines Körpers im Sinn des Widerstands bei Änderung des rotatorischen Bewegungszustandes [111].

© Der/die Herausgeber bzw. der/die Autor(en), exklusiv lizenziert an
Springer Fachmedien Wiesbaden GmbH, ein Teil von Springer Nature 2024
A. Krätschmer, *Retrospektive Diagnose von Fehlerursachen an
Antriebsstrangprüfständen mithilfe künstlicher Intelligenz*,
Wissenschaftliche Reihe Fahrzeugtechnik Universität Stuttgart,
https://doi.org/10.1007/978-3-658-44004-6

Merkmals-vektor (engl. features)	Unter einem Merkmalsvektor, features oder feature-Vektor werden die Eingangsdaten oder Trainingsdaten eines kI Modells verstanden.
Normal-Zyklus	Vollständig durchfahrener Zyklus ohne das eine Abschaltung aufgrund einer Grenzwertverletzung stattgefunden hat.
Pareto-Analyse	Methode um wesentliche von unwesentlichen Ursachen zu trennen. Dabei werden die Ursachen der entsprechenden Wirkung gegenübergestellt [67].
PROFIBUS	Universeller und genormter Felbus zur bidirektionalen Übertragung von Signalen insbesondere im Bereich der Automatisierungstechnik.
Six Sigma Analyse	Methode zur nachhaltigen Verbesserung von Prozessen, Abläufen und Produkten in allen Unternehmensbereichen. Die Ziele sind hierbei zum einen völlige Kundenzufriedenheit und zum anderen maximalen Unternehmenserfolg [80].
Supervised-Learning	Dem ML-Algorithmus stehen während des Lernvorgangs neben Features auch die zugehörigen Targests zur Verfügung. Das Netzwerk wird derart optimiert, dass die Eingangs- auf die entsprechenden Zielvektoren abgebildet werden.
Unsupervised-Learning	Während dem Lernvorgang stehen dem ML-Algorithmus Features mit bisher unbekannten Merkmalen zur Verfügung. Charakterisierend ist, dass keine Targets existieren.
Zielvorgaben (engl. targets)	Bei dem Begriff Zielvorgaben oder Targets im Zusammenhang mit künstlicher Intelligenz handelt es sich um den vom Modell zu schätzenden Zielwert.

Anhang

A. Beschreibung: Fehler-Zyklen-Forschungsdatensatz

Tabelle A.1: Fehler-Zyklen-Forschungsdatensatz 1/2

	Messung		Beschreibung
Nr.	Sollwert	Fehlerzeitp.	
1	M_{VM}	207 s	Beibehaltung Gradient bis 0 Nm
2	M_{VM}	289 s	Beibehaltung Gradient
3	M_{VM}	289 s	Beibehaltung Gradient
4	M_{VM}	953 s	Beibehaltung Gradient
5	M_{VM}	953 s	Wertänderung auf 0 Nm
6	M_{VM}	10 410 s	Wertänderung auf 0 Nm
7	M_{VM}	2310 s	Nulldurchgang bleibt bei 0 Nm
8	M_{VM}	6067 s	Anstieg mit linear. Gradienten bis 250 Nm
9	M_{VM}	675 s	Anstieg mit linear. Gradienten bis 200 Nm
10	M_{VM}	3930 s	Geringerer Gradient als Originalverlauf
11	M_{VM}	3955 s	Geringerer Gradient als Originalverlauf
12	M_{VM}	3293 s	Linearer Gradient bis −120 Nm
13	M_{VM}	2342 s	Wertänderung 0Nm schwing. Verhalten
14	M_{VM}	2321 s	Geänderter Verlauf bis 0 Nm
15	M_{VM}	2366 s	Geringerer Gradient als Originalverlauf
16	M_{VM}	6026 s	Wertänderung 0Nm schwing. Verhalten
17	M_{VM}	6009 s	Anstieg mit linear. Gradienten bis 155 Nm
18	M_{VM}	6256 s	Kurzzeitiges Verlassen der Sollspur
19	M_{VM}	8861 s	Wertänderung auf 0 Nm
20	M_{VM}	14 058 s	Geänderter Verlauf bis 0 Nm

© Der/die Herausgeber bzw. der/die Autor(en), exklusiv lizenziert an
Springer Fachmedien Wiesbaden GmbH, ein Teil von Springer Nature 2024
A. Krätschmer, *Retrospektive Diagnose von Fehlerursachen an
Antriebsstrangprüfständen mithilfe künstlicher Intelligenz,*
Wissenschaftliche Reihe Fahrzeugtechnik Universität Stuttgart,
https://doi.org/10.1007/978-3-658-44004-6

Tabelle A.2: Fehler-Zyklen-Forschungsdatensatz 2/2

	Messung		Beschreibung
Nr.	Sollwert	Fehlerzeitp.	
21	M_{VM}	17 589 s	Anstieg mit erhöhtem Gradienten
22	M_{VM}	12 409 s	Anstieg mit erhöhtem Gradienten
23	M_{VM}	5993 s	Bleibt bei Stillstandsphase bei 0 Nm
24	M_{VM}	6006 s	Anstieg mit erhöhtem Gradienten
25	M_{VM}	16 079 s	Wertänderung auf 0 Nm
26	M_{VM}	2070 s	Sprunghafter Anstieg auf 150 Nm
27	M_{VM}	2384 s	Sprunghafter Anstieg auf 100 Nm
28	M_{VM}	2779 s	Geänderter Verlauf bis 0 Nm
29	M_{VM}	2650 s	Geänderter Verlauf bis 0 Nm
30	M_{VM}	253 s	Sprunghafter Anstieg auf 120 Nm
31	n_{Rad}	1703 s	Anstieg mit erhöhtem Gradienten
32	n_{Rad}	533 s	Geänderter Verlauf bis 0 min^{-1}
33	n_{Rad}	5268 s	Kurzzeitiges Verlassen der Sollspur
34	n_{Rad}	9468 s	Schwingendes Verhalten
35	n_{Rad}	6123 s	Anstieg mit erhöhtem Gradienten
36	n_{Rad}	155 s	Anstieg mit erhöhtem Gradienten
37	n_{Rad}	180 s	Wertänderung auf 0 min^{-1}
38	n_{Rad}	2803 s	Wertänderung auf 0 min^{-1}
39	n_{Rad}	5410 s	Anstieg mit erhöhtem Gradienten
40	n_{Rad}	5410 s	Statischer Wert
41	n_{Rad}	12 941 s	Anstieg mit erhöhtem Gradienten
42	n_{Rad}	151 s	Sprunghafter Anstieg auf 4500 min^{-1}
43	n_{Rad}	2008 s	Beschleunigen in Stillstandsphase
44	n_{Rad}	163 s	Wertänderung auf 0 min^{-1}
45	n_{Rad}	966 s	Wertänderung auf 0 min^{-1}

Printed in the United States
by Baker & Taylor Publisher Services